有碗話碗　　　黎慧珠

蔬食 常備菜

168道安之茹素的 一日三餐提案

文 ———— 攝影

Jane Lee

Rice Bowl Tales

吃素的原因和歷程

每個人決定吃素的原因很多，不盡一樣，亦可能相同。

我自己的理由，不分次序：

對動物的愛　　環境的保護　　信仰的觀念

健康的得益　　內心的安寧　　素菜的美味

我和家人大約於 2015 年秋天左右開始減少吃肉。

然後在 2016 年春天，下定從此吃素的決心。

2016 年 7 月中，我和先生告別當晚最後離去的一位客人，輕輕關上一起辛苦經營了 27 年，外賣小食店的門。

心中沒有惋惜，只有無比的興奮和緊張。因為知道六星期後，這扇小門會再度打開。不同的是，菜單上將不會出現任何包含肉類或蛋奶的食物。把這小村內大家熟悉而依賴二十多年的傳統中式快餐店關掉，雖然不知道公眾的反應會如何，但我們期待以真摯、誠懇的熱忱與態度，為來訪的每位客人提供用心烹調、美味、健康的純素蔬食菜式。

就這樣，我們的小店【Harvest Vegetarian Kitchen 豐收蔬食廚房】，英國北威爾斯境內首間全素外賣店，在 2016 年 9 月 1 日誕生了。

小蔬食店開門至今，反應比意料之外好。我們夫婦倆雖然每天忙得團團轉，工作無數，但能為動物和大自然環境盡到一點微薄的心意和力量、為吃素的顧客們付出一點小小的服務和努力，便感到安慰與滿足。

2017 年秋天，在店務上了軌道後，我開始和悅知出版社計劃撰寫我第三本食譜書的內容。經再三研討後，基於我寫這本書的初衷、理念和原則，是要為每天忙碌生活

內容。經再三研討後，基於我寫這本書的初衷、理念和原則，是要為每天忙碌生活的吃素者，無論是家中掌廚的爸爸、媽媽、祖父母、職業人士或年輕學生們等，想為自己或家人炮製簡單美味、營養均衡的純素菜式時，只要取出這本書，便可以找到你所需要的菜色與食譜。

於是我們這本書的主題《純素蔬食常備菜》便擬定了。

我平時做菜的靈感多來自迎合家中各人的口味和喜愛。寫書時自然便把讀者的需求放在首要的考慮。自從知道我開始執筆後，很多朋友也向我提出，能否把他們以前最喜歡的各種傳統素菜食品加寫進書內，與他們分享。為了報答大家一直的厚愛、鼓勵、對我的信念和支持，於是這本書的食譜數量加了又加，我一個菜又一個菜的認真做下去。直至恐怕快要裝不進了，我才停止。

這本書包括了自製調味與素肉；早餐與輕食；飲料、奶昔、果汁與冰沙；配菜；主菜；主食；滷水菜；湯品；零食與點心；感恩節／聖誕節晚餐；賀歲農曆年菜等超過 160 道健康美味食譜。希望能幫助大家除了平常每天，能為自己或家人準備健康美味的三餐飲食外，在重要的家庭節慶日子中，也能端出豐富的菜餚款宴親友。

<u>素食是未來的趨勢</u>

自從我們決定吃素後，有些親戚、朋友或小店以往的肉食客人都或明顯、或暗示地替我先生感到可憐。有位很熱心的鄰居，在路上碰見時，不時跟我先生笑說：「你一定餓慘了！來，我請你吃漢堡去。」

對於別人的「關懷」，我先生感到啼笑皆非。因為他比任何人清楚，吃素是他自己的選擇。

可能開始時是受我影響，但當他深入瞭解後，他覺得是自己的責任。如比爾蓋茲（Bill Gates）所說的：「地球的未來要靠素食。」

世界上每個廣播媒體、報章雜誌都在呼籲大家：「少吃肉類，牛奶，奶酪和牛油，多選用當地採購的季節性食品。吃純素的話對整個地球的貢獻遠比減少飛行或駕駛電動汽車來得更好。我們現在就要即時進行！」

2018 年 10 月，聯合國政府氣候變化專門委員（IPPC）在韓國仁川舉行高峰會議，科學家們警告全世界需要進行前所未有的直接變革以防止氣候災難。毫無疑問，這份厚厚含量高達 33 頁的摘要是 20 年來氣候變化影響的最重要警告。這份報告中強烈反映的一個關鍵訊息是，我們從近年來世界各地極端的天氣至海平面上升、以及其他氣候變化中可以看到全球變暖 1°C 的後果。在目前的變暖速度下，地球很可能在 2030 年到 2052 年之間達到超過 2°C 或以上。

其中的一份報告稱，我們必須立即採取行動，防止地球暖化。如果發生這種情況，世界上大部分地區可能變得無法居住。

為什麼吃素可以挽救地球呢？根據聯合國和其他組織的報告，溫室氣體的最大貢獻者不是我們駕駛的車子，而是畜牧生產業。超過 51% 以上的溫室氣體，如比二氧化碳更為嚴重的甲烷氣（Methane gas），就是畜養動物供人食用的直接結果，更是遠遠超過全球所有運輸工具共同產生出來的廢氣。簡而言之，我們種植農作物餵養動物，然後自己吃那些動物。全世界 80% 的大豆，小麥和玉米都是牲畜飼料。想像一下所耗費的大量水，能源和土地，著實令人吃驚。

如果我們直接吃那些農作物的話，就不會造成那許多土地，水，能源，資源和動物生命的浪費。有些人爭議：「假如每個人都變成素食者的話，養殖的動物會超越人類並對地球造成嚴重破壞。」

這是相當簡單的回答：「如果我們停止吃牠們，我們就會停止繁殖牠們。」幾乎所有被人類食用的動物的存在都是人為的。如果每個人都變成素食者，會對所有動物產生什麼影響？最有可能的情況不是每個人都在一夜之間停止吃動物，而是對動物產品的需求逐漸減少，結果為人類口腹而培育的動物就會越來越少。

隨著人們少吃肉類、乳製品和雞蛋，更多以植物為基礎的食品便會產生。這樣的改革將創造新的就業機會和產業。隨著對動物產品需求的減少，動物農民可以轉變為植物種植的農民。事實上，我們已開始目睹吃純素的蔬食者正在每天逐漸的增加。

就像我們自己，不吃肉後便把經營了廿多年的小店改為純素外賣店，不同的客人會來光顧，每天仍然保持忙碌，身心卻感到更健康快樂。

知道我們每一個人都可以為地球、為大自然、為我們生活的環境、為我們的身體健康、為了更有愛心的存在、為動物們生命的權利等等義務盡力，是如何有意義和令人滿足的感覺！而這一切，都只需從我們餐桌上的食物開始。

這本書包含了超過 160 道美味豐富、簡單健康的純素食譜。每一道都是我為大家用心思量，每一款食物都是我和先生共同努力研創出來的成果；我努力做，他努力替我試吃，給我中肯的評價和意見。我們兒子和未婚妻，女兒和未婚夫，四個親愛的孩子，從不間斷地給予我最熱烈的鼓勵、關懷和支持。

所以我這本從思考、策劃、實踐、到創造、製作、拍攝、執筆而至付梓，用了兩年多完成的一本純素蔬食食譜書，是一本盛載著滿滿愛心與溫情的圖文紀錄，希望能給予想嘗試吃素或已在吃素的朋友們一點靈感和幫忙。

感恩佛光山佛堂各位法師們的引導訓誨、父母的慈悲教育、各位素食前輩的智慧啟蒙、每位蔬食道途上熱血認真的工作者。最後，要感激每一位盡心協力，為我們寶貴的大自然和地球上的生靈，共同愛惜保護——每一位偉大的地球公民！

PART 5
主菜

PART 6
主食

PART 8

湯品

PART 7

滷水菜

PART 9

零食與點心

PART 10
感恩節／聖誕節晚餐

PART 11
賀歲農曆年菜

PART 1

自製調味與素肉

抹醬、醬汁、調味料、高湯

香菇味粉

材料（1 瓶）

乾香菇... 16 朵
鹽.. 3 小匙
糖.. 3 小匙

JANE'S POINT

為什麼要把乾香菇弄濕了再烘乾才打成
粉？直接把乾香菇打成粉不行嗎？因為
買回來的乾香菇若沒經浸泡清洗而直接
打成粉應用的話，怕會不夠乾淨。

做法

1　預熱烤箱至 100℃ / 210℉（fan 80℃）。

2　乾香菇用沸水浸泡 2 分鐘，用清水沖洗乾淨，瀝乾。

3　將剪刀用力剪下蒂部，去掉黑硬部分，然後將香菇每朵剪開成 4~8 份。

4　將香菇塊和乾淨蒂部放在鋪有烘焙紙的烤盤上，放進烤箱內烤 1½ ~ 2 小時
　至完全乾透，期間要翻轉數次，好讓每面徹底烘乾（烘得不夠乾的話，無
　法打成粉）。

5　把烘乾的香菇分 4 次放進食物調理機（food processor）攪打成粉末，過篩
　至大碗中，加入鹽、糖完全拌勻。

6　放入一個已用沸水消毒全乾的小瓶內，不要加瓶蓋。放涼後加蓋封密，密
　封冷藏，可保存 4 ~ 6 星期。

野菌海苔味粉

材料（1 瓶）

乾香菇.. 60g

混合乾野菌 60g

壽司海苔.. 2 張

椰子糖.. 2 小匙

鹽.. 2 小匙

做法

1 預熱烤箱至 100℃/ 210℉（fan 80℃）。壽司海苔撕碎備用。

2 乾香菇、混合乾野菌用沸水浸泡 2 分鐘，用清水沖洗乾淨，瀝乾。

3 將剪刀用力剪下蒂部，去除黑硬部分，然後將每朵剪開 成4～8 份。

4 將香菇塊和混合乾野菌放在鋪有烘焙紙的烤盤上，放進烤箱內烤 1½～2 小時至完全乾透，期間要翻轉數次，好讓每面徹底烘乾（烘得不夠乾的話，無法打成粉）。

5 把烘乾的菇菌分 4 次放進食物調理機（food processor）去打成粉末，將壽司海苔在最後加入打勻，過篩至大碗中，加入鹽、糖完全拌勻。

6 放入一個已用沸水消毒全乾的小瓶內，不加瓶蓋。放涼後加蓋封密，密封冷藏，可保存 4～6 星期。

JANE'S POINT

· 為什麼要把乾菇菌弄濕了再烘乾才打成粉？直接打成粉不行嗎？因為買回來的菇菌若沒經浸泡清洗而直接打成粉應用的話，怕會不夠乾淨。

· 圖中使用的是乾海帶芽，但後來發覺用壽司海苔更方便。

蔬菜高湯調味醬

材料（**2** 小瓶）

有機紅蘿蔔	300g	營養酵母	4 大匙
西芹	150g	海鹽	100g
芹菜根（celeriac root）	100g	白胡椒粉	1 小匙
茴香頭（可用中型洋蔥代替）	1 個	龍舌蘭糖漿	4 大匙
油漬乾番茄	4 個	橄欖油	2 大匙
新鮮羅勒葉	1 小把		
新鮮香菜	1 小把		

做法

1 紅蘿蔔洗淨切小塊。西芹撕去纖維絲，切小段。芹菜根切小塊（可不加）。茴香頭切小塊。羅勒葉、香菜粗切備用。

2 將紅蘿蔔、西芹、芹菜根、茴香頭、油漬乾番茄放進食物調理機（food processor）打成細碎狀。

3 用抹刀刮把機旁兩側的菜末撥回機中間，把剩下的材料放進去，打成平滑糊狀。

4 分別放進兩小瓶內，蓋密後放入冷凍室冷凍，可保存 6 個月。

JANE'S POINT

- 每次要煮高湯或當調味時，只需從冷凍室取出，打開瓶蓋，用大匙刮鬆，取出所需份量即可。由於醬中鹽份的關係，調味醬不會凍結成固體，而是保持粉糊狀。以方便隨時刮出使用。

- 製作高湯時，以每 1 大匙加 250ml 水的比例拌勻。如想味道更具層次，可在高湯中加入一大匙自製素蠔油（p.009），或一小匙自製香菇味粉（p.004）。

秘製黑醋醬

材料（1 小瓶）

醬油	6 大匙
茴香頭（也可用中型洋蔥代替）	½ 個
麥芽醋（malt vinegar）	4 大匙
黑糖蜜（dark molasses）	2 大匙
羅望子醬（tamarind）	1 大匙
壽司海苔	1 張
檸檬皮屑	¼ 小匙
丁香粉	⅛ 小匙

做法

1 茴香頭切丁。壽司海苔撕成小塊。

2 將所有材料放進攪拌機（blender）內，打至細滑。

3 倒進小鍋子裡，以中小火加熱至微沸，轉小火煮 5 分鐘。

4 過篩倒進用沸水消毒全乾的量杯，再從量杯倒進另一個已用沸水消毒全乾
的小瓶內，不要加瓶蓋。放涼後加蓋封密。密封冷藏，可保存 4 星期。

自製椒鹽粉

材料

花椒	30g
黑胡椒	20g
鹽	25g

做法

1 把花椒和黑胡椒放進平底鍋，用小火炒出香
氣，約 1～2 分鐘，盛起備用。

2 將鹽放進平底鍋，以小火炒至變微黃，花椒
和黑椒回鍋，與鹽一起翻炒一會便關火。

3 繼續用餘溫在鍋中多炒幾下，待涼後放進攪
拌打成粉末，用小瓶子裝起封密，便隨時可
享有香氣撲鼻的自製椒鹽粉了。

素蠔油

材料（**2 小瓶**）

乾香菇	50g
生抽（淡醬油）	¼ 杯
老抽（陳年醬油）	1~2 大匙
龍舌蘭糖醬	2 大匙
料酒	1 大匙
麻油	1 大匙
壽司海苔	2 張
沸水	2 杯

JANE'S POINT

把其中 1 瓶放入冷凍室中冷凍，
可保存 6 個月。

做法

1 乾香菇放進小碗中，用 1 杯沸水蓋著浸泡 10 分鐘至稍軟後，倒出清洗乾淨，放回小碗中，加進 1 杯沸水，蓋著浸泡 1~ 2 小時至軟透。壽司海苔撕碎備用。

2 把香菇和泡香菇的水、生抽、老抽、龍舌蘭糖醬、料酒、麻油和撕碎的壽司海苔 2 張全放入攪拌機（blender）內，攪打成厚滑狀。

3 中火熱小湯鍋，把攪打好的素蠔油倒進小鍋裡，用中火煮滾後，以小火煮 2~3 分鐘收乾至濃稠。

4 倒入 2 個已用沸水消毒全乾的小瓶內，不要加瓶蓋。放涼後加蓋封密，密封冷藏，可保存 4 ~6 星期。

杏仁醬

在製作杏仁抹醬期間，耐心是關鍵。雖然杏仁粒們看起來好像永遠也不會被打成細滑的抹醬，但只要堅持下去，便能看著它們由杏仁到粉末，再成厚泥狀，到最後成為滑溜的杏仁醬，時間長短取決於你的食物調理機性能，但只要耐心地打個 10 - 20 分鐘，總會成功的。這是每個做自製果仁醬的人都會告訴你的心得。如中途食物調理機（food processor）感覺過熱的話，請放置一會兒再繼續。如果攪拌漿真的推不動了，可加進 1 大匙橄欖油。

材料（1 瓶）

去皮杏仁（全食店或部分超市有售）. 2 杯
龍舌蘭糖漿（或楓糖漿）.................... 1 大匙
鹽 .... ½ 小匙

做法

1 預熱烤箱至 180℃／350℉（fan 160℃）。

2 在鋪了烘焙紙的烤盤上把杏仁一字排開，烤 15 分鐘，中段翻轉一次。取出放涼 10 分鐘。

3 將烤好的杏仁放進食物調理機（food processor）內，打 15 分鐘左右，期間要停下來二、三次，把黏在攪拌機周圍的都刮下來再繼續攪拌，直打至完全細滑成為杏仁醬。

4 放進已用沸水消毒並全乾的瓶子裡，不要加蓋。待杏仁醬完全冷卻後，再加蓋密封，放入冰箱冷藏可保存 4 星期。

JANE'S POINT

· 杏仁的棕色皮含有單寧（tannin），會阻礙營養的吸收。所以建議使用去了皮的杏仁。

· 以本人經驗，我那小台隨機附設的小粉碎機（grinder）（很便宜的一個牌子，也有 20 年老了），用來打果仁抹醬最快最有效率。也可使用強力的食物調理機（food processor）。

花生醬

中醫認為花生的功效是調和脾胃以及補血止血。其中補血止血的作用主要就是花生外那層紅衣的功勞。「脾統血」，氣虛的人就容易出血，花生紅衣正是因為能夠補脾胃之氣，所以能達到養血止血的作用。

花生衣既有健脾胃，養血安神的作用，特別適合身體虛弱容易出現貧血的人們食用，對普通人來說，則有強身健體的作用。

材料（1 瓶）

連皮（紅衣部份）的生花生.................. 2 杯
（全食店或部分超市有售）
龍舌蘭糖漿（或楓糖漿）.................. 1 大匙
鹽.. ½ 小匙

做法

1 預熱烤箱至 180℃／350℉（fan 160℃）。

2 把生花生米排開在鋪了烘焙紙的烤盤上，烤 15~20 分鐘左右，期中翻轉一、二次。烤香後取出放涼 10 分鐘。

3 將烤好的花生米放進食物調理機（food processor）內，打 15 分鐘左右，期間要停下來二、三次，把黏在攪拌機周圍的都刮下來再繼續攪拌，直打至完全細滑成為花生醬。

4 放進已用沸水消毒並全乾的瓶子裡，不要加蓋。待花生醬完全冷卻後，再加蓋密封，放入冰箱冷藏可保存 4 星期。

JANE'S POINT

· 自製果仁醬時，耐心是關鍵，只要耐心地打個 10 - 20 分鐘，總會成功。如中途攪拌機感覺過熱了，可以放個幾分鐘待涼再繼續。
· 如攪拌漿真的推不動了，不妨加進 1 大匙橄欖油幫助潤滑。

草莓果醬

材料（1 瓶）

新鮮草莓	400g
楓糖漿	3 大匙
奇亞籽	2 大匙

❢ JANE'S POINT ❢

放涼後把果醬加蓋封密，放冰箱冷藏 2 小時待進一步凝結後才吃，濃稠度會更理想。

做法

1　草莓洗淨後切去蒂部。放進一大不銹鋼湯鍋中，加入楓糖漿，用中火煮滾後，繼續以中火煮 5 分鐘，至草莓軟熟。期間需不停攪拌，並輕輕撈除浮起的泡沫。

2　用馬鈴薯壓泥器把草莓壓至軟綿，加入奇亞籽拌勻，轉小火。

3　以小火繼續煮 15~20 分鐘至濃稠度適中，每 5 分鐘左右攪拌一次。

4　將草莓醬放進已用沸水消毒全乾的瓶子裡，不要加蓋，可用有透氣孔的蔬果篩蓋著，既可通風，又不怕蒼蠅或塵埃等掉落。

5　待草莓醬完全冷卻後，加蓋密封，放冰箱冷藏可保存 4 星期。

綜合莓果醬

材料（1 瓶）

樹莓	200g
藍莓	200g
楓糖漿	3 大匙
奇亞籽	2 大匙

JANE'S POINT

放涼後把果醬加蓋封密，放冰箱
冷藏 2 小時待進一步凝結後才
吃，濃稠度會更理想。

做法

1 樹莓和藍莓洗淨。放進一大不銹鋼湯鍋中，加入楓糖漿。

2 用中火煮滾後繼續用中火煮 5 分鐘，至樹莓和藍莓軟熟。期間需不停攪
拌，並輕輕撈除浮起的泡沫。

3 用馬鈴薯壓泥器把樹莓和藍莓壓至軟綿，加入奇亞籽拌勻，轉小火。

4 以小火繼續煮 15～20 分鐘至濃稠度適中，每 5 分鐘左右攪拌一次。

5 將莓果醬放進已用沸水消毒並已全乾的瓶子裡，不要加蓋，可用有透氣孔
的蔬果篩蓋著，既可通風，又不怕昆蟲或塵埃等掉落。

6 待莓果醬完全冷卻後，加蓋密封，放冰箱冷藏可保存 4 星期。

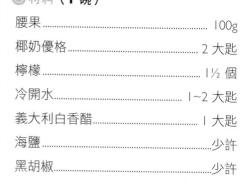

腰果優格醬

 材料（**1 碗**）

腰果	100g
椰奶優格	2 大匙
檸檬	1½ 個
冷開水	1~2 大匙
義大利白香醋	1 大匙
海鹽	少許
黑胡椒	少許

 做法

1　檸檬榨汁備用。

2　腰果用沸水略微浸泡沖洗乾淨，瀝乾。用冷開水浸泡 4 小時（如在炎熱的季候或溫暖的室溫下，可放在冰箱內浸泡）或用沸水蓋著浸泡 30 分鐘，瀝乾。

3　把腰果放進強力攪拌機（blender）內，加入椰奶優格、檸檬汁、義大利白香醋，撒上少許和海鹽及黑胡椒，先加 1 大匙冷開水，打至細滑。如太濃稠，可酌量加冷開水。

4　如要馬上使用，可取出所需的份量。剩下的密封冷藏，可保存 3 天。

自製素肉、油麵筋、烤麩、豆腐

在中國的素食烹飪中，麵筋常被拿來做為肉類的替代品。二千多年來，麵筋和豆類製品已成為中國寺院的主要素食食材。即便是非茹素的一般人也喜歡麵筋做成的各式齋菜與小點。

記得小時候跟爸媽上素菜館或在寺院吃到的素菜，經常出現以麵筋或烤麩搭配其他食材炮製的各式可口小菜，還有以油麵筋燜煮而成的各種齋滷味，只能用「好吃」兩字來形容。記憶中的美味有叉燒、蠔油和咖哩等口味，非常令人難以忘懷。這些著名菜色全都是用麵筋以煎、蒸、煮、炸不同的方法烹製而成，可見麵筋在中國食品和飲食界中扮演的角色、貢獻和重要性。

除了中國外，東南亞、蘇聯甚至西方國家也都有以麵筋取代肉食的烹調方法。這種食品，英文叫做 Seitan（發音 say-tan，日文 セイタン）或 Gluten，也稱為 Wheat-meat，把它們做成素肉、素腸、素漢堡排等。

麵筋傳統的做法，是將小麥粉加水搓成麵糰，靜置後放進水中搓揉沖洗多次，把麵粉中的澱粉全部洗出來，留下的便是純蛋白質的麵筋。洗出來的那些澱粉經乾燥處理後就是用來做蝦餃、粉果等廣式點心的澄粉。

這樣的製作方式既費時還費水費力。幸好現在可以隨時買到活性麵筋粉（vital wheat flour），把小麥粉中其他成份抽去而只保留麵筋的筋粉，只要直接加水液體）便可以揉成麵筋，省去沖洗的步驟和時間。

在這裡我要與大家分享健康簡便的水煮麵筋肉、烤麵豆肉、氣炸油麵筋和烤麩的做法。自己做的麵筋烤麩沒有任何添加劑也不會使用到不健康的炸油，更棒的是飽含素食者所需要的豐富蛋白質。

將完成的麵筋素肉切片或切丁，加少許調味料和太白粉（或玉米粉）拌勻，先下鍋煎香，配搭各類食材便能做出各款中式小菜，如本書中的子薑鳳梨素肉片（p. 102）、沙茶醬素肉片（p. 104）、薑絲西蘭花炒素肉片、腰果香筍素肉丁（p. 108）等等。或放進攪拌機打成絞肉，做成中式點心或肉醬料理的香菇筍丁菜肉蒸包（p. 060）、栗香茄子素滷肉飯（p. 148）、生煎菜肉包（p. 054）、紅燒獅子頭等等。

至於氣炸油麵筋則可用來做滷水油麵筋（p. 185）、糖醋麵筋（p. 026），還可以當烤麩做菜，如紅燒八喜烤麩（p. 262）。

麵筋素肉在中西料理的用途上可說是千變萬化，是一種讓素菜料理者靈感運用不完、創意發揮不盡的美好食材。

水煮麵筋肉

{ 密封冷藏可保存 5～7 天 | 冷凍可保存三個月 }

這是最基本簡單的麵筋烹煮法。這個食譜的麵筋粉＋澄麵粉＝水的比例是 1：1，用同一個 250ml 的量杯量粉和量水。我覺得這個比例搓出來的麵筋口感適中。如果你想麵筋較軟的話，可以多加水。想要更多嚼勁的話，可減少水。

這個食譜做出來的素肉是淺淡色的，如果想做出顏色較深的素肉，只要在液體材料中加進 1~2 小匙老抽（陳年醬油）便行了，但可別忘了要在水的份量中對應減去 1~2 小匙才好。

只要掌握了原理和調整至口感滿意了，你還可以隨意在調味料中加任何自己喜歡的香草、香料、調味品、醬汁或食用色素等。

🍳 材料

A 乾材料

麵筋粉	1½ 杯	沙薑粉（山奈粉）	1 小匙
澄粉	¼ 杯	五香粉	½ 小匙
營養酵母片	¼ 杯	**B 液體材料**	
鹽	1 小匙	水	1¾ 杯
糖	1 小匙	生抽（淡醬油）	1 大匙
香菇味粉	1 小匙	麻油	1 大匙
花椒粉	1 小匙	橄欖油	1 大匙

🍴 做法

1 把全部材料 A 放入大碗中，拌勻。湯鍋中放進 2500ml 的水，以小火煮滾。

2 材料 B 放入量杯中拌勻後加進 1 的大碗中，用橡皮刮刀攪拌至材料全部混合成糰狀置於碗中央，便可以開始改用手搓了。

3 在碗中約略搓揉，取出放在工作檯（或木板上）再搓 3 分鐘，然後靜置 10 分鐘。

4 再搓 2 分鐘，盡量推拉按扯成長方形，切成 8 段形狀均等的長條。

5 放進湯鍋裡的沸水中，用中大火滾開後，蓋著用小火慢煮 30 分鐘。期間撥動一下以防黏著鍋底。煮好的麵筋條會膨脹兩倍，並浮到水面。離火，盛起瀝乾。

6 待完全放涼後，分包放於冰箱儲存，需要用時，取出所需份量退冰即可。

🍴 JANE'S POINT 🍴

- 麵筋粉（wheat protein / gluten flour / vital wheat gluten flour）和營養酵母片（nutritional yeast flakes）都可以在售賣健康食品的店舖或網上專售 whole foods 的網站購買。

- 煮好的麵筋肉用保鮮膜把 200g 和 250g 左右一段的素肉包好，貼上紙標籤，每次用時，便可以把所需份量取出。

烤麵豆肉

{ 密封冷藏可保存 5～7 天 | 冷凍可保存三個月 }

這是用一半麵筋粉混合一半豆腐製造出來的素肉，先經烤烘把肉質定形，然後再水煮完成整個製程。做出來的素肉質感柔軟，可以切片、切丁甚至手撕、手剁成條或塊，加少許調味料和太白粉（或玉米粉）拌勻，下鍋煎香後加進快煮好的菜餚中一起兜炒均勻，試味，便可盛盤上桌。

這道食譜做出來的素肉呈淺淡色，如果想做出較深顏色的素肉，只要在液體材料中加進 1～2 小匙老抽（陳年醬油）便行了，但別忘了要在水的份量中對應減去 1～2 小匙才好。

材料

A 乾材料

麵筋粉	1½ 杯
白胡椒粉	½ 小匙
海鹽	1 小匙
糖	½ 小匙
自製香菇味粉（p.004）	1 小匙
沙薑粉	1 小匙

B 攪拌材料

中等硬度的豆腐，吸乾水份	140g
水	1¾ 杯
生抽（淡醬油）	1 大匙
麻油	1 大匙
自製香菇味粉（p.004）	1 小匙

🍴 做法

1　把材料 A 在大碗中拌勻。豆腐捏碎放進攪拌機（blender）內，然後把餘下的攪拌機材料都加進去，打成液態狀，期間可以停下機器，用長柄矽膠刮刀把周圍黏著的材料刮回機器中，打至全部順滑，放進大碗內。

2　烤盤上放鋼架，架上鋪一張烘焙紙（放鋼架和烘熔紙是為了不讓熱力直接傳遞到素麵輪上，導致顏色加深。）。把烤箱預熱至 180°C／350°F（fan 160°C）。

3　將豆腐混合物加入大碗中的乾材料內，用長柄矽膠刮刀不斷攪拌至形成球狀的麵糰。開始時麵糰看來好像很乾，但絕對不要加水，只需繼續攪拌。

4　將麵糰放進食物調理機（food processor）內，用麵糰刀片將麵糰攪拌 1 分鐘。也可放進座式攪拌機（stand mixer）中用平攪拌槳以中速將麵糰攪拌 1 分鐘。將麵糰用擀麵棒壓扁，推拉成長方形。

　　※如果用手搓揉的話，把麵糰放在大碗中用力搓揉 3 分鐘。此步驟很重要，因為要揉出筋度，麵糰需要表現出適度的彈性，以產生適當的成品質地。

5　用刀切開成 6 份，用手拉扯一下每塊小麵糰，然後讓它收縮，再整型成小肉塊狀。

6　將素肉塊排放在烤盤架上的烘焙紙上，送進烤箱烘烤 20 分鐘。

7　湯鍋下水至能蓋過全部素肉塊的高度，煮滾，小心放下素豆肉塊，保持輕沸 20 分鐘，不要讓其沸騰。期間不時翻動一下。

8　20 分鐘後小心撈起瀝乾，待涼放冰箱冷藏 8 小時待質感固定後，即可切片或切丁使用。

🍴 JANE'S POINT 🍴　煮好的麵筋肉用保鮮膜把 200g 和 250g 左右 一段的素肉包好，貼上紙標籤，每次用時，只需取出所需份量即可。

麵筋絞肉
{ 密封冷藏可保存 5 ~ 7 天 | 冷凍可保存三個月 }

只要冰箱或冷凍櫃內經常有做好的水煮麵筋肉（p. 019），便可以隨時做出健康好吃的麵筋絞肉，方法非常簡單！如果你願意運用想像力，任何需要用到絞肉的食譜都能挑戰一下喔。

麵筋絞肉的用途極廣，可以做中式點心或西式肉醬料理外，如本書中的香菇筍丁菜肉蒸包（p. 060）、生煎菜肉包（p. 054）、煎釀彩椒茄子（p. 122）、栗香茄子素滷肉飯（p. 148）都使用了麵筋絞肉；當然還可以用來做麻婆豆腐、肉丸子、漢堡排、西湖肉粒湯、青豆肉末粥、燴肉醬茄子、螞蟻上樹……等等！

 材料

水煮麵筋肉，切小塊	250g
罐裝黑豆，瀝乾水分	250g

🥄🍴 做法

把麵筋肉和黑豆放進食物調理機（food processor）內打成絞肉狀，取出拌勻，成為麵筋絞肉。

🍴 JANE'S POINT 🍴

可以即時使用、也能分成 150g，250g 等分量冷藏或冷凍，需要時，從冰箱取出退冰便可。

健康氣炸自製油麵筋
{ 密封冷藏可保存 5～7 天 | 冷凍可保存三個月 }

當知道我開始寫素食書時，讀者和住在國外的朋友都不約而同地問能否包括自製油麵筋的相關食譜。我回答「正有此意呢！」似乎大家對這些年輕時在香港街頭巷尾或小館子經常可以吃到的「齋滷味」特別懷念。

顧名思義，油麵筋當然是用油炸的。但因為吃素後經常會吃到此類食材，我想用一個健康的方法來製作，讓大家吃得更放心。想起家中有個氣炸鍋，剛好拿來試試看。幾次實驗下來，終於掌握到絕竅，做出來的油麵筋比從唐人超市買回來的更具口感和質感，煮出來的齋滷味，更容易入味。不但如此，把圓鼓鼓的氣炸油麵筋剪成小塊，還可以當烤麩下菜。一舉兩得呢！

麵筋粉 A 100g

水 200g

鹽 1g

麵筋粉 B（打粉漿用）.................................... 5g

做法

1　氣炸鍋底部放一四方型烤盤，加入 1 大匙油，用刷子把油刷在盤底和四壁。氣炸鍋預熱 200℃ 3 分鐘。

2　和麵：將麵筋粉 A 加進大碗中，鹽放入水裡拌溶後，把水加入粉內拌勻，然後搓揉成糰，1~2 分鐘便可。將碗中麵糰沒有吸收掉的水倒去。

3　打漿：桌面撒上麵筋粉 B，放上麵糰，上下左右滾動後搓揉至麵糰把粉全部吸收，把麵糰盡量搓圓並把週圍收口向下拉捏緊實，在桌面上滾牢。

4　摘坯：用手或用刀把麵糰切成 8 份，並把每個小麵糰搓圓，同樣把收口向下拉捏緊，在桌面上滾好後，在每個小麵糰上輕輕噴一層葵花籽油。

5　把 4 個小麵糰放進氣炸鍋內的小烤盤上，每個在盤上的油滾動一下再黏多點油，因氣炸好的麵筋會膨脹變大很多，所以要保持適當距離。把氣炸鍋關上，設時 10 分鐘，按鍵開動，炸至膨脹金黃，期間翻轉一、二次讓氣炸均勻。把炸好麵筋取出置盤子上待涼。

6　將餘下 4 個小麵糰放進氣炸鍋，重複步驟 5。

7　第一次炸好的麵筋會立即下塌，但不要緊，待會再氣炸第二次時會再膨回來，取出來時就不會下塌了。

8　待第二批炸好後，把第一批炸過而塌了的 4 個油麵筋放回氣炸鍋，再用 200℃氣炸 2 分鐘至金黃膨脹定形，取出。第二批的 4 個油麵筋也做同樣的回炸。這樣，8 個健康版氣炸的油麵筋便做好了。

糖醋麵筋

材料

氣炸油麵筋（p.024）.................................. 8 個

A 糖醋醬汁

料酒（米酒）... 1 大匙

生抽（陳年醬油）..................................... 2 大匙

番茄醬... 2 大匙

白醋... 3 大匙

糖（隨口味）.................................... 3 ~ 4 大匙

麻油... 1 小匙

清水... 5 大匙

玉米粉 1 小匙 + 加水 1 小匙，拌勻

做法

1 把糖醋醬汁的全部材料放入小不銹鋼湯鍋中煮沸，用小火燉著。

2 自製的氣炸油麵筋因為乾淨不油膩，所以無需汆燙。每個用筷子戳一個小洞，直接放進糖醋醬汁內，煮滾後逐個用湯勺壓扁，加蓋用小火燜 30 分鐘。關火浸泡 30 分鐘。

3 吃時可將油麵筋剪成條狀、開二或開四，加熱或冷吃均可，一口一小塊，浸泡飽滿的糖醋醬汁。

※可即時食用或盛起待涼後放進冰箱內存放，隔天才吃風味更佳。

自製豆腐

{ 密封冷藏可保存 3～4 天 }

材料（400g 左右）

新鮮自製豆漿（p.074）...................... 2000ml
（不能用市售豆奶）
水... 1 杯
鮮榨檸檬汁（或白醋）........................ 3 大匙

 工具

做 500g 左右的豆腐模具一個
（內附做奶酪的布，或自備細密的棉布或
紗布一大塊）
食物溫度計 1 個

做法

1 把豆漿倒進湯鍋裡，以中火煮熱至 80℃（用食物溫度計測溫），期間不時以長柄矽膠刮刀撥動。

2 豆漿在爐上燉著時，在一量杯的水中放入鮮榨檸檬汁（或白醋）拌勻。

3 當豆漿加熱至 80℃時，離火。先把一半混合後的檸檬水慢慢加進豆漿內，稍微來回輕撥拌勻後，暫停撥動，把餘下的半份檸檬水也慢慢加進豆漿內，輕輕用長刮刀像在豆漿中寫 8 字一樣來回數次，可以看見白色凝結物從豆漿中分離，大約輕輕撥動 30 秒左右便要停止。

4 把豆腐模具放在乾淨可以快速去水的水糟裡，或在流理台甚至桌上放一個大盆以盛接從模具內溢出的水（盆要夠深大，流出的水才不會淹浸到豆腐。）

5 將奶酪布整齊鋪在模具裡，用杓子把凝結成棉絮狀的豆花全部盛進模具內，水從夾縫流出。凝結物留在模具中。把布從四方摺起，整齊包蓋上方，盡量保持完整的四角形狀。把模具蓋放上，上面放厚重物品如數本疊著的厚書壓 20~30 分鐘。

6 想要中等硬度的豆腐壓 20 分鐘，硬豆腐壓 30 分鐘。小心把豆腐取出，可即時應用或放在冷開水中，密封冷藏。

自製滷水豆腐干

{密封冷藏可保存 3～5 天}

烤好的豆腐乾切片或切丁後，可炒菜、
下粥、或是做成蘿蔔糕和芋頭糕的餡料
均可。

材料

市售或自製豆腐	400g
自製滷水汁（p.181）	適量

做法

1　豆腐沖洗瀝乾後，放在鋪了兩張廚房紙巾的盤上，豆腐上面放兩張廚房紙
　　巾，然後把豆腐旁邊的廚房紙巾也包摺起來。把另一個盤子反轉蓋在豆腐
　　上，上面放厚重物品如數本疊著的厚書壓 20~30 分鐘。

2　等壓豆腐的期間，把滷水汁以小火煮開，離火。待豆腐壓好後，每塊切成
　　約 1 cm 厚塊，放進滷水汁內滷醃 8 小時或過夜。滷水汁連豆腐冷卻後放進
　　冰箱內繼續完成滷醃程序。

3　預熱烤箱至 200℃。滷水豆腐取出排放在鋪了烘焙紙的烤盤上，上下再刷
　　一層滷水，烤 10 分鐘後取出反轉再刷一層滷水，放回續烤 10 分鐘後，將
　　烤爐轉至 180℃，再烤 10 分鐘就完成了。烤的時間總共是 30 分鐘。

PART 2

早餐與輕食

隔夜早餐燕麥粥

誰說早餐一定得早上現做？這些前夜預備好，早上起床時只需從冰箱取出，便可在最短時間內享受到健康美味、豐富營養的早餐，近年來在歐美那麼流行真是有其道理。如果還沒嚐過的朋友請一定要試試！對有小孩子的家庭來說，隔夜燕麥粥更是最適合不過的早餐選擇。可以前一晚做好，放進冰箱，早上直接端出來，用湯匙盛起一口一口吃就行了。怕太冷的話，起床後先取出放在桌上恢復常溫，待梳洗完後，便能坐下好好享用。上班的如果怕時間來不及，帶著出門，到公司後才吃也沒問題。

燕麥片的好處多多：除了無麩質、富含維生素、礦物質、抗氧化劑以及膳食纖維等重要元素外；還有助降低血糖、膽固醇和減少心臟病危機等功效。

做隔夜燕麥粥的方法再簡單不過。只需使用傳統燕麥片，加入喜歡的植物奶，如腰果奶、豆奶、米奶、榛果奶、杏仁奶或燕麥奶等。比例隨意，有些人喜歡 1:1，隔夜泡好後會比較濃稠。像我個人喜歡以 1:2 的比例，即 1 份燕麥搭配 2 等份的奶，口感較為稀滑。也可以改用一半植物奶加一半植物酸奶，然後隨喜好放上奇亞籽、亞麻籽、1~2 款的水果片、1~2 款烤過的堅果碎粒、南瓜籽或葵花籽等；再淋上一大匙楓糖漿或龍舌蘭糖漿（不嗜甜的不加也可），便是一道簡單快捷、又營養豐富的美味早餐。

如果額外添加一大匙的堅果醬，每小瓶內便多添了蛋白質、健康的不飽和脂肪，讓人吃完更覺飽足。

以下提供 4 款我最常做的隔夜早餐燕麥粥食譜。

芒果奇異果胡桃榛果隔夜燕麥

材料（1 人份）

傳統燕麥片	50g
植物奶	100ml
奇亞籽	1 大匙
杏仁醬	1 大匙
芒果去皮切小片	½ 個
奇異果去皮切片	1 個
胡桃，烤過後切粗粒	1 大匙
榛果，烤過後切粗粒	1 大匙
楓糖漿（或龍舌蘭糖漿）	1 大匙

做法

1　清潔的玻璃容器用沸水消毒後倒置完全放乾後，燕麥片先放在底部，加進植物奶，可稍微拌勻。

2　撒上 1 大匙奇亞籽，加入 1 大匙杏仁醬，分層排上芒果和奇異果，均勻地淋上 1 大匙的植物糖漿，然後放進烤過的胡桃和榛果粒。

3　加蓋，放進冰箱內 4 小時或隔夜，便可享用。

草莓香蕉核桃杏仁隔夜燕麥

材料（1人份）

傳統燕麥片	50g
植物奶	100ml
亞麻籽	1大匙
花生醬	1大匙
香蕉切片	1根
草莓洗淨切片	4~6粒
核桃，烤過後切粗粒	1大匙
杏仁，烤過後切粗粒	1大匙
楓糖漿（或龍舌蘭糖漿）	1大匙

做法

1 清潔的玻璃容器用沸水消毒後倒置完全放乾後，先把燕麥片放在底部，加進植物奶，稍微拌勻。

2 撒上1大匙奇亞籽，加入1大匙花生醬，分層排上香蕉和草莓，均勻地淋上1大匙的植物糖漿，然後放進烤過的核桃和杏仁粒。

3 加蓋，放進冰箱內4小時或隔夜，便可享用。

藍莓樹莓烤杏仁片隔夜燕麥

材料（1人份）

傳統燕麥片	50g
植物奶	50ml
椰子酸奶	50ml
奇亞籽	1 大匙
腰果醬	1 大匙
藍莓，洗淨瀝乾	2 大匙
樹莓，洗淨瀝乾	2 大匙
杏仁片，烤過	1~2 大匙
楓糖漿（或龍舌蘭糖漿）	1 大匙

做法

1 清潔的玻璃容器用沸水消毒後倒置完全放乾後，先把燕麥片放在底部，加進植物奶和椰子酸奶，稍微拌勻。

2 撒上 1 大匙奇亞籽，加入 1 大匙腰果醬，堆上藍莓和樹莓，均勻地淋上 1 大匙的植物糖漿，然後放進烤過的杏仁片。

3 加蓋，放進冰箱內 4 小時或隔夜，便可享用。

蘋果香蕉瓜籽仁隔夜燕麥

材料（1人份）

燕麥片	50g
植物奶	50ml
椰子酸奶	50ml
亞麻籽	1大匙
蘋果，洗淨去芯切薄片	½ 個
香蕉，切片	1根
肉桂粉	½ 小匙
南瓜籽仁，烤過	1大匙
葵花籽仁，烤過	1大匙
楓糖漿（或龍舌蘭糖漿）	1大匙

做法

1 清潔的玻璃容器用沸水消毒後倒置完全放乾後，把燕麥片放在底部，加進植物奶和椰子酸奶，稍微拌勻。

2 撒上 1 大匙奇亞籽，分層排放上蘋果和香蕉片，輕輕撒下肉桂粉，均勻地淋上 1 大匙的植物糖漿，然後放進烤過的南瓜籽仁和葵花籽仁。

3 加蓋，放進冰箱內 4 小時或隔夜，便可享用。

隔夜燕麥的美味製作重點

🌱 使用傳統燕麥片的營養和口感都較好，不建議使用快速即食燕麥片。

🌱 堅果類和瓜籽仁烤過才好吃，也更衛生和更香脆。

🌱 烤堅果和瓜籽的方法：預熱烤箱 160℃／320℉，分別將堅果和瓜籽仁平鋪在不同的烤盤上，烤 15~20 分鐘左右（或至微黃香脆）。視每個烤箱的功能，期間翻拌 1~2 次。

🌱 烤堅果及瓜籽仁時最好計時，以免因忙碌忘記而烤焦。烤好後完全放涼後，便可置容器內保存。

🌱 做好的隔夜早餐燕麥粥以蓋密封冷藏，可保存 2~3 日。

🌱 不單可以當早餐，亦可做為輕食或甜點的選擇。 若希望保有堅果和瓜籽的乾脆口感，也可在吃之前才加進。

煮熟燕麥粥

草莓藍莓椰奶燕麥粥

材料（1人份）

燕麥 40g

水 .... 200 ml

椰奶（或任何植物奶）............................100ml

營養酵母片（nutrional yeast flakes）. 1 大匙

亞麻仁籽粉（flax seeds）....................... 1 大匙

草莓和藍莓 .... 適量

烤南瓜和葵瓜籽................................... 1 把

龍舌蘭糖漿.. 2～3 小匙

做法

1 草莓和藍莓洗淨，草莓切開。將燕麥、水和椰奶放入小鍋子中，以中火煮沸後轉小火，慢煮 5 分鐘左右。

2 將燕麥粥倒入碗中，加入營養酵母和亞麻仁籽粉拌勻。把草莓及藍莓排放在上面，撒下瓜籽，淋上糖漿。

JANE'S POINT 如果擔心早上來不及的話，可在前一晚將燕麥泡在水中預先泡軟，以縮短烹煮時間。早上只要加入植物奶煮沸，便可享用。

蘋果肉桂香蕉燕麥粥

材料（1人份）

燕麥	40g
水	200 ml
植物奶（任選）	100ml
蘋果	½ 個
香蕉	½ 根
植物奶油	1 大匙
肉桂粉	1 小匙
龍舌蘭糖漿	1 大匙
奇亞籽	1 大匙
烤核桃（或胡桃）剝成粗粒	1 把

做法

1　蘋果去皮去芯切片，香蕉切片。將燕麥、水和植物奶加進小鍋子中，以中火煮沸後轉小火，慢煮5分鐘左右至濃稠。

2　中火熱平底不沾鍋，下植物奶油，放入蘋果，兩面煎煮片刻，加進香蕉煎至兩面金黃，下肉桂粉和 ½ 大匙糖漿，小心拌勻。

3　將燕麥粥倒入碗中，加入奇亞籽拌勻，把肉桂蘋果香蕉塊放下排開，加進核桃或胡桃粒，淋上 ½ 大匙糖漿。

推薦我喜歡的薄餅簡單吃法，就是在中間加點椰子糖，然後擠些檸檬汁，捲起來咬下，真的非常好吃。

香滑鬆軟薄煎餅

 材料

A 粉漿（10～12 塊）

中筋麵粉.. 2 杯

無鋁泡打粉.. 1 小匙

（aluminum free baking powder）

有機豆奶（或任何植物奶）..................... 2 杯

椰奶 .... 400g（1 罐）

橄欖油... 1 大匙

香草精... 1 小匙

肉桂粉... 1 小匙

B 配料

果醬或堅果醬.. 適量

時令切片水果.. 適量

 工具

矽膠烘焙刷（或摺疊起的廚房紙巾）

橄欖油（塗鍋用）

♀ JANE'S POINT ♀

· 用兩個平底不沾鍋同時煎薄餅，可節省一半時間。

· 薄餅也可以每次做多些，待涼後中間夾烘焙紙分隔薄餅，再包覆上保鮮膜，放進冰箱冷藏或冷凍。密封冷藏可保存 3～4 天，冷凍可保存三個月。

🍴🍴🍴 做法

1 把 A 材料加進大碗中，用打蛋器拌勻。

2 中大火燒熱平底不沾鍋，用矽膠烘焙刷（或摺疊起的廚房紙巾）沾油塗抹鍋子底部。烘第一張薄餅的關鍵重點是鍋要熱，油要放多點，待鍋底夠熱和夠潤滑了，接著下來煎的薄餅才不會黏底。

3 用湯杓把粉漿輕輕放在鍋中，再慢慢向四周旋開成大小厚薄適中的薄餅，先用中大火煎 1 分鐘左右，轉中小火繼續煎 30 秒至金黃，等到能用鏟子從底部鏟起或搖動鍋子時，薄餅能脫離鍋底時。用鍋鏟把薄餅反轉，用中火將另一面也煎至金黃。過程中請小心，不要燒焦。

4 起鍋的薄餅可隨個人喜好捲進香蕉、燴肉桂蘋果、什錦莓果、堅果醬、果醬、榛果巧克力醬、花生醬、椰煉奶或任何喜歡的餡料。上面再撒點碎堅果，淋些楓糖漿等，真是十分美味。

香芹四季豆芝麻香餅

材料（**4 個**）

中筋麵粉	150g	不含反式脂肪酸的植物奶油	1 大匙
水	120ml	烘香白芝麻	2 大匙
鹽	½ 小匙	鮮磨黑椒粉	½ 小匙
葵花籽油	1 大匙	五香粉	¼ 小匙
四季豆，切細粒	50g		
芹菜，去葉切細粒	2 支		

做法

1 麵粉放置大碗中，水放入小鍋裡加熱至 70℃（用溫度計測量）後，將水倒進麵粉中，先用筷子拌勻，然後快速搓揉成麵糰，用布蓋著，靜置 20 分鐘。

2 小湯鍋中加水（份量外），下少許鹽、油煮開，放進四季豆和芹菜粒汆燙至剛熟即取起，沖冷水瀝乾。

3 麵糰靜置 20 分鐘後，桌上撒粉，把麵糰搓揉至光滑，約 5 分鐘。

4 將麵糰壓扁，然後擀開成四方狀的麵皮，約 24×24 公分。在麵皮上用刷子塗一層植物奶油，鋪上四季豆丁、芹菜粒和芝麻，把鹽、黑胡椒和五香粉在小碗中拌勻後均勻地撒上。

5 把鋪滿材料的麵皮小心地從下方往上捲成長條狀，收口處於下方，然後切成 4 段麵卷。把每一段麵卷兩邊開口處向下捏緊封密。

6 擀麵棍抹粉，桌上也撒粉，把每一個麵卷輕輕壓扁，擀成很薄的圓餅，盡量擀薄一些。

7 中火熱平底鍋下油 1 大匙，放入一個麵餅，煎至兩邊金黃酥脆，期間反轉數次，讓麵餅均勻吸油和受熱，盛起放在廚房紙巾吸油，繼續把剩下三個煎完。

美味營養八寶鹹粥

材料

A 粥料

米豆（眉豆）	50 g
花生	50 g
白蓮子（乾）	30 g
小芋頭，去皮切丁	3 個
紅蘿蔔，去皮切丁	1 條
青江菜	200 g
薑約指頭大小	1 塊
乾橘子皮（可不加）	1 塊
玄米油	1 大匙
泰國香米，洗淨瀝乾	1 杯
水	10 杯
罐頭玉米	200 g
香菜	適量

B 調味料

麻油	1 大匙
醬油	1 大匙
五香粉	½ 小匙
糖	1 小匙
鹽	1~2 小匙
白胡椒粉	1 小匙
香菇味粉（做法請參考 p.004）	2 小匙

做法

1 米豆和花生洗淨後用沸水蓋著浸泡 2 小時，瀝乾備用。白蓮子用沸水加蓋浸泡 1 小時後，打開檢查，如果有綠色蓮芯在中間即將之取出，以免會有苦味，蓮子洗淨瀝乾。

2 芋頭、紅蘿蔔去皮切丁，青江菜洗淨切短。薑去皮切細絲。乾橘子皮用少許熱水泡軟（約 10 分鐘）後用小刀刮去白色內囊，沖淨，切細短絲。

3 中火熱大湯鍋下油，加入薑絲、乾橘子皮絲爆香，放進眉豆、花生、白蓮子、小芋頭、紅蘿蔔、香米拌炒一會，下 B 調味料兜炒拌勻，加入水，大火煮開後轉中小火續煮至各樣材料軟綿（約 1 小時）。

4 在最後 10 分鐘時，放入玉米和青江菜煮至青江菜變軟，如太稠，可酌量加沸水調整。試一下味道，並隨喜好放入香菜。

ꙮ JANE'S POINT ꙮ

· 吃時杓起需要份量，把剩下的米粥完全放涼後，分裝後放進冰箱冷藏或冷凍，密封冷藏可保存 3～4 天。冷凍可保存 3 個月。

· 再吃時取出加熱，可搭配包子、餃子、炒麵、油條、腸粉、麻辣香筍或腐乳等食用。

高麗菜炒五絲

材料（2～4人份）

A 炒料

高麗菜	300g
乾香菇	6 朵
中型紅蘿蔔	2 條
白背木耳	1 朵
熟筍片	100g
粉絲	100g
薑	2 片
紅辣椒	1 支
玄米油	1½ 大匙

B 調味料

鹽	½ 小匙
糖	½ 小匙
胡椒粉	½ 小匙
生抽	1 大匙
麻油	1 大匙
素蠔油	1 大匙

做法

1 乾香菇洗淨用熱水蓋著泡軟（約 2 小時），切薄片。白背木耳用熱水泡軟（約 2 小時），切細絲。紅蘿蔔、高麗菜、筍片切細絲，粉絲用冷水泡軟，瀝乾。薑片切絲、紅辣椒去籽切絲。

2 熱鍋下油，以中火爆香薑絲和紅辣椒絲，下香菇、素蠔油炒軟。加入高麗菜、紅蘿蔔絲、筍絲和所有調味料拌炒均勻，最後下粉絲一起炒熟。

> **🍴 JANE'S POINT 🍴**
> 待完全放涼後，密封冷藏可保存 3～4 天。

糙米玉米粥

材料（4～6 人份）

A 粥料

薑，約指頭大小	1 塊
乾橘子皮（可省略）	1 塊
糙米	1 杯
水	10 杯
罐頭玉米	1 罐（400g）

B 調味料

鹽	1~2 小匙
白胡椒粉	½ 小匙
香菇味粉（做法請參考 p.004）	2 小匙
香菜	隨意

JANE'S POINT

- 吃時杓起需要份量，把剩下的米粥完全放涼後，分裝後放進冰箱冷藏或冷凍，密封冷藏可保存 3～4 天。
- 再吃時取出加熱，可搭配包子、餃子、炒麵、油條、腸粉、麻辣香筍或腐乳等食用。
- 除了直接以火加熱外，也可以用電子鍋或電鍋煲粥。

做法

1 薑去皮切細絲，乾橘子皮用少許暖水泡軟（約 10 分鐘）後用小刀刮去白色內囊，沖淨，切短細絲。糙米洗淨放入湯鍋中，下薑絲、乾橘子皮絲，加水拌勻，大火煮沸後，用中小火續煮至稀稠適度的軟綿米粥（約 1 小時）。

2 在最後 10 分鐘時，加入玉米煮熱，下鹽、胡椒粉、香菇粉，隨意加入香菜。

香軟蒸饅頭

材料（**8 個**）

低筋麵粉 Cake flour.................200 g

（每 100g 中蛋白質含量是 8 ～ 9.4 之間）

糖...10g

速發乾酵母............................4 g

（不需要泡溫水那種）

水...110 g

做法

1 大碗中加入麵粉，中間開穴，按次序倒入糖、酵母，然後是水。用筷子順時針方向把麵粉攪拌成棉絮狀，然後用手按壓成麵糰。桌上撒粉，把麵糰移到桌上，反覆搓揉成表皮光滑細膩的麵糰，約 5 分鐘。蓋上廚巾室溫下鬆馳 5 分鐘。

2 桌上和擀麵棍都撒粉。先把麵糰按捏成長方狀，然後用擀麵棍把麵糰推擀成長方形，把麵皮放橫，再將兩邊向中間摺疊成厚度均勻的三層麵皮。把形狀厚度盡量修理整齊，再用麵棍擀壓成近乎完整的長方塊。

3 麵皮橫放，撒上少許清水，慢慢由下方拉緊向上捲，雙手把兩角和中端擺平衡，至邊沿部分用麵棍壓薄向下輕按黏緊收口，成細長圓柱體。

4 割去頭尾尖端，再平均切成 8 段。每個饅頭放在一小烘焙紙上，放在水溫 60℃ 的蒸鍋中，蓋著醒麵 20 分鐘，用手輕輕按壓，若饅頭緩緩彈起，便是發酵完成了。

5 把饅頭連蒸籠移開，將蒸鍋底的水燒沸，再放上饅頭，蓋著用大火蒸 10 分鐘，其間不能打開蒸籠蓋。

6 關火後，打開小縫，等待 2 ～ 4 分鐘才慢慢掀起蒸籠蓋出籠。（用竹蒸籠的話，蒸好後可以直接打開）

健康氣炸饅頭

材料

饅頭 .... 8 個
葵花油 .... 1～2 大匙

做法

1 方型烤盤（或自做鋁箔盤）下油 1 大匙抹勻，放進設定 200℃ 的氣炸鍋中預熱 3 分鐘。

2 把饅頭放進烤盤內，每個上下翻滾以沾上盤中的油。

3 關上氣炸鍋，以 20℃ 先氣炸 5 分鐘，取出把饅頭反轉放回，再氣炸 3 分鐘左右至每邊金黃。

香蕉椰棗核桃麵包

材料（做一個 **450g** 麵包容器的份量）

自發麵粉（self-raising flour）	200g
杏仁粉	25g
無鋁泡打粉	1 小匙
淺黑砂糖（light muscovado sugar）	75g
椰棗	4 個
熟香蕉	3~4 根
植物奶油	50g
植物奶	3~4 大匙
烘核桃	75g

JANE'S POINT

只要將 125g 中筋麵粉、1 小匙泡
打粉（baking powder）和 ½ 小匙
的鹽混合再過篩兩次，在家也可
以自己製作「自發麵粉」。

做法

1. 預熱烤箱至 180°C／350°F（fan 160°C），將麵包容器抹上少許油然後鋪上
   烘焙紙。椰棗去核切碎，香蕉壓成泥，烤過的核桃剁碎。

2. 植物奶油置大碗中，加入香蕉泥，用手提攪拌機打勻。篩進自發麵粉，加
   進杏仁粉、泡打粉、糖和棗粒拌勻。

3. 加入植物奶，把粉漿拌至稀軟呈微流動狀態，放進核桃粒一起拌勻。

4. 用矽膠刮刀把粉漿撥進麵包容器內，放入烤箱中烤 50~60 分鐘。如看到頂
   端有開始變焦的跡象，便用烘焙紙遮蓋。用長鋼針或竹籤插進，抽出來
   時，如沒有沾黏物便是烤好了。取出後待涼 15 分鐘，才把香蕉麵包從容
   器內取出。

生煎菜肉包

材料

葵花油	1 大匙
香菇筍丁菜肉包	8 個
（p.060～未蒸之前）	
水	適量

做法

1 中火燒熱平底不沾鍋，下油 1 大匙，油熱後把菜肉包放在鍋中排開，包子與包子間保留一點距離，預留膨脹空間（如鍋子不夠大的話，可分兩次煎）。

2 用小火煎至包的底部金黃，下水約 1公分 的高度，加蓋。

3 以中小火煎至水收乾、底部焦脆，包身軟熟（約 12 分鐘）便可盛盤，即時享用。

炸饅頭佐椰煉奶

材料

氣炸饅頭（P.052）	8 個
自製椰煉奶	適量
烤香白芝麻	隨意

A 自製椰煉奶（約 280g 左右）

高脂椰奶 1 罐	400g

（每罐椰奶成份 90%，每 100g 脂肪含量 20~21g）

純楓糖漿	4 大匙

> **JANE'S POINT**
> 椰煉奶冷卻後密封置冰箱內冷藏，可保存 5~7 天。

做法

1　椰奶加入小湯鍋中，以中小火煮滾後轉小火，保持微沸的狀態繼續慢慢地煮 25~30 分鐘，不時用軟矽膠刮刀輕輕攪拌，以防黏底。

2　慢煮 30 分鐘左右後，椰奶會濃縮了 ⅓ 左右的份量，顏色會變深了，成為椰煉奶。

3　用乾淨大匙取出要用份量在小容器內，然後隨喜愛淋在氣炸饅頭上，再撒上烤香芝麻。剩下的椰奶放涼後蓋好放回冰箱內。

薯丁豆腐蛋佐酪梨醬烤吐司

材料（4 人份）

A 烤薯丁／小番茄

中型馬鈴薯，去皮切丁	1 個
中型地瓜，去皮切丁	1 顆
小番茄	12 個
橄欖油	1½ 大匙
海鹽和鮮磨黑椒	適量

B 炒豆腐蛋

中等硬度豆腐，剝成小塊	400g
紅、黃甜椒，切丁	各 ½ 隻
栗子菇	350g
（chestnut mushroom，也可用白磨菇替代）	
嫩菠菜、西洋菜葉或豆苗等蔬菜	250g

黃薑粉	1 小匙
生抽	1 小匙
麻油	1 小匙
胡椒粉	½ 小匙
鹽	½ 小匙
香菇粉	½ 小匙
玄米油	1 大匙

C 酪梨醬塗烤吐司

酪梨	2 顆
檸檬汁	1 個份
海鹽和鮮磨黑胡椒	適量
乾紅辣椒籽（可省略）	少許
烤吐司，每塊切成 4 小三角形	4 塊

做法

1　預熱烤箱至 220°C／420°F（fan 200°C），把馬鈴薯、地瓜丁和小番茄放進大碗中，加進橄欖油、海鹽和鮮磨黑椒拌勻，放在鋪了烘焙紙的烤盤上單層排開，置於烤箱內。馬鈴薯、地瓜丁烤 30 分鐘至每面金黃，15 分鐘左右翻轉一次。小番茄約在進烤箱後 20～25 分鐘左右烤好。

2　栗子菇略沖洗瀝乾切大片，放在烤盤上的鋼條架排開，同時放進烤箱內烤至兩邊略呈金黃，約 15～20 分鐘。期間翻轉一次。

3　酪梨去皮去核放入碗中壓成泥，加入檸檬汁、海鹽、鮮磨黑胡椒、乾紅辣椒籽拌勻成酪梨醬。

4　炒鍋下油，加入紅黃椒炒香，放入豆腐塊，用鏟子搗碎，放入烤好的栗子菇，所有的調味料兜炒至豆腐軟熟如炒蛋狀，下蔬菜炒勻。

5　分別在盤中放上炒豆腐蛋、小番茄、烤薯丁、酪梨醬塗在烤吐司上，然後伴以一杯鮮榨果汁，便是一份美麗美味、營養均衡的早午餐。

波特貝納菇排佐烤什錦蔬菜薯泥

材料（2~4 人份）

A 煎波特貝納菇排

波特貝納菇	6 隻
橄欖油	1 大匙
義大利黑香醋	1 大匙
料酒	1 大匙
海鹽和鮮磨黑胡椒	適量
糖	2 小匙

B 烤什錦蔬菜

大型茄子，切小角	1 顆
中型櫛瓜，切角	2 條
三色甜椒，切角	各 1 隻
新鮮百里香	4 株
（或乾燥香葉 2 茶匙）	
海鹽和鮮磨黑胡椒	適量
橄欖油	2 大匙

C 薯泥

中型馬鈴薯，去皮切小塊............ 2~ 3 個

海鹽和鮮磨黑胡椒....................................少許

植物奶油.. 2 小匙

芥末醬..｜小匙

植物奶..適量

D 小番茄和芝麻葉

 做法

烤什錦蔬菜

1 預熱烤箱至 220°C／420°F（fan 200°C），烤盤上鋪烘焙紙，烘焙紙上薄薄刷一層橄欖油。把什錦蔬菜放進大碗中，加入橄欖油、海鹽和黑胡椒、百里香或乾香草拌勻，在烤盤上排開，放進烤箱內烤 30 分鐘，期間翻動一次。

壓薯泥

2 把馬鈴薯放進小湯鍋，下水至剛蓋過表面 2 公分左右，大火煮開後轉小火燉 10 分鐘左右至馬鈴薯煮軟。用篩網瀝去水份後放回湯鍋，加進植物奶油、海鹽、鮮磨黑胡椒、芥末醬和 2~3 大匙植物奶，奶要逐點加進，以防薯泥太稀爛，用手持壓薯泥器或叉子壓成薯泥。上蓋保溫備用。

3 放進圓型無底模具中按壓到盤子上。

煎波特貝納菇排

4 波特菇通常不是太髒，不用清洗，也因為面積較大，容易清潔，我只以小刷子撥去污垢。把菇的蒂部切平，放進用橄欖油、香醋、鹽、黑椒末、酒和糖拌勻的醃料碗中醃 20 分鐘，在中火預熱抹油的條紋平底鑄鐵鍋中（用普通平底不沾鍋也可以）煎 15 ~ 20 分鐘左右至烙印金黃，菇肉吸收中火慢煎的醬汁至香濃軟熟，期間反轉數次，最後也可以稍轉中高火增加菇排的烙痕色澤和深度。因為有醬汁的關係，較易煎焦，要小心控制火力和時間。

5 用原鍋把碗中剩下的醃料用小火煮滾成醬汁備用。

6 圓型無底模具放盤中央，用大匙把薯泥盛進壓牢，輕輕取起模具讓薯泥定型。把煎好的波特菇排和烤什錦蔬菜圍放，把醬汁用小匙圍繞淋滴，伴以小番茄和芝麻葉上桌。

香菇筍丁菜肉包

我們全家都愛吃包子饅頭,每次新鮮蒸好都不夠分。於是只要有空,我都會做好一些放在冰箱冷凍。試過了許多包子配方,最喜歡、也覺得最方便就是以下我跟大家分享的這個一次發酵法。省時快捷,蒸好的包子十分鬆軟美味,請大家一定要試試!

至於麵粉選擇上,英國出產的普通中筋麵粉,蛋白質成份每 100g 是 9.4g,若是有機的話,蛋白質高至 11.8g。做好的包子顏色多是米黃色而不夠白。後來我選用華人超市專做包子點心用的低筋麵粉,包裝上註明蛋白質成份每 100g 是 8g 或 9.3g,用同一方法做出來的包子便較潔白且輕軟可愛。

如果不介意成品是米色的話,用什麼牌子的中筋麵粉都可以。如果你想做出來的包子白胖鬆軟的話,便用低筋麵粉(cake flour 蛋糕粉)。即是每 100g 中蛋白質含量是 8 ~ 9.4 之間的,做好的包子便會軟而白。

如果可以的話,最好選用未經漂白的低筋麵粉。吃得更放心。

材料（**8 個**）

A 餡料（用不完的放冰箱冷凍）

新鮮香菇,洗淨瀝乾	6 朵
熟筍,略沖洗瀝乾	50 g
水煮麵筋肉	100 g（p.019）
菜脯（蘿蔔乾）,用清水浸泡 30 分鐘	2~3 條
芹菜,摘去葉子,洗淨瀝乾	1 把
薑,切細絲	3 片
青菜,洗淨切碎瀝乾	400 g
（可用大白菜、青江菜、菠菜、菜心等）	
香菜,切碎	1 小把
葵花油	1 大匙

B 調味料

鹽	½ 小匙
糖	½ 小匙
麻油	2 小匙
白胡椒粉	½ 小匙
素蠔油	1 大匙
香菇粉	½ 小匙

C 包子皮

低筋麵粉 Cake flour	200 g
（每 100g 中蛋白質含量是 8 ~ 9.4 以內的）	
糖	10g
速發乾酵母（不需要泡溫水那種）	4 g
水	110 g

![做法] 做法

餡料

1 將香菇、熟筍、素肉、菜脯、芹菜粗切開，和薑絲一起放進食物調理機
（food processor）內打成粗粒狀餡料。

2 熱鍋下油，加進餡料拌炒一下，放調味料把餡料炒香炒熟，加入青菜和香
菜再一起炒勻，成為香菇筍丁菜肉餡料，試味，盛進容器中待涼備用。

包子皮

3 大碗中加入麵粉，中間開穴，按次序倒入糖、酵母，然後水。用筷子順時針方向把麵粉攪拌成棉絮狀，然後用手按壓成麵糰。桌上撒粉，把麵糰移到桌上，反覆搓揉成表皮光滑細軟的麵糰，約 5 分鐘。

4 將麵糰按捏成圓形，在下方收口。然後把麵糰搓成長條，再分割成每個 40g 的等份，兩手將其約略滾圓，在小麵糰上撒粉輕輕滾勻，用乾淨廚巾或保鮮膜蓋著。

5 桌上撒粉，雙手刷粉，每份麵糰用手掌心先略壓扁，用刷了粉的擀麵棍再按壓，然後上下擀 2～4 次，將麵皮轉 45 度角，再上下擀 2～4 次，至成直徑約 10 公分左右，再用擀麵棍從邊緣向中心推擀，把麵皮推成周邊薄中間厚的包子皮。

做包子

6 把包子皮放在左手上，右手用筷子（或木匙）將餡料放入包子皮的正中間，之後左手托著帶餡的包子皮，右手沿著包子皮的邊緣用姆指和食指一邊折一邊轉，最後緩緩收口，喜歡的話可以開個鯉魚口。

7 每個包子放在一小塊烘焙紙上，放在水溫 60℃ 的蒸鍋中，蓋著醒麵 20 分鐘，用手輕輕按壓，若包子緩緩彈起，便是發酵完成了。

8 把包子連蒸籠移開，將蒸鍋底的水燒沸，再把包子放上，蓋著用大火蒸 10 分鐘，其間不能打開蒸籠蓋。

9 關火後，打開個小縫，等待 2～4 分鐘才慢慢掀起蒸籠蓋出籠。（用竹蒸籠的話，蒸好後可以直接打開）

⫯ JANE'S POINT ⫯

· 蒸好的包子趁熱吃香軟美味。平時有空不妨多做點，待涼後冷凍起來，要吃時取出直接蒸熱，約 10 分鐘，便隨時都能有好吃的菜肉包享用了。

· 待完全放涼後密封冷藏可保存 3～4 天。冷凍可保存 3 個月左右。

· 食譜中的餡料量比較多，剩下來的可以冷凍，待下次要做包子，便有現成的餡料可以使用。

PART 3

飲料、奶昔、果汁與冰沙

思慕昔與果汁

思慕昔是從英文（smoothie）音譯過來的，原意為「口感順滑的飲品」。做法是用攪拌機把新鮮或冷凍的水果和蔬菜，加上奶類、果汁、酸奶與碎冰等打拌混合成為液體，因為保留了蔬果泥，口感比果汁濃稠、飲後的感覺更為飽足。

用攪拌機自製飲料的好處是，幾乎什麼都可以放進去。看季節、心情、櫥櫃或冰箱中有什麼便加什麼，像是燕麥、堅果醬、棗子、可可粉、香料粉、奇亞籽還是亞麻籽等都可以。一整杯的營養好料一次喝進肚子裡，半點兒也不浪費。

由於日常生活十分忙碌，所以我每星期都會準備幾款思慕昔放在冰箱冷藏或冷凍起來，早上沒時間時便能派上用場，起碼，你能確實知道自己或家人喝下的是滿滿的三、四份鮮果或蔬菜的營養，無論做為早餐或一天中的補充飲品都很方便。

JANE'S POINT 靜置過的思慕昔多數會產生沉澱或分離的狀態，只要稍微攪拌一下，便可以直接飲用。

果汁的好處大家相信都知道，除了清涼好喝，還能不自覺地輕鬆提升我們每天的蔬果攝取量。如果你也想開始為自己或家人做一杯能量果汁，首先便是要選擇一台適合的榨汁機。

榨汁是一種從蔬菜水果中提取水分和養料並把難消化纖維棄掉的方法。當把部分的纖維移去時，消化系統便不需要太費力去分解食物和吸收營養。事實上喝蔬果汁比吃整個水果和蔬菜，更容易讓人體獲得所需的養分。鮮榨蔬果汁營養豐富，除了能幫助身體排毒和癒合外，還有滋養和從細胞階層療癒的功能。

榨汁機的挑選

市面上有很多不同型式的榨汁機，但大致來說以下三款是最普及的：

| 低速擠壓榨汁機 |

這種近年較為流行的榨汁機類型，又名原汁機（masticating juicer）或慢磨機。它是靠內部的一根螺旋桿以每分鐘 80 轉的低速旋轉，對水果進行仔細地擠壓、研磨，然後果汁透過濾網流出，果渣則從排渣口排出。

它的優點是噪音低；出汁率高，不浪費，即使是水份含量不高的蔬菜和水果也能榨出汁來。缺點是水果需要切成很小的細塊，再一點一點地填進去榨，頗費時間。另外，價格也不便宜。

| 高速離心式榨汁機 |

離心式榨汁機（centrifugal juicer）是目前最為普遍的榨汁機類型，它是利用刀網每分鐘幾千轉的高速轉動把水果粉碎，強大的離心力使果汁噴流入果汁杯，而果渣則甩進收渣桶。

不同品牌型號的高速離心式榨汁機也有材質、功率、進料口大小的區別，挑選時要注意選擇功率大、進料口大的。優點是運轉速度快，馬力大，可以整個蘋果扔進去打，很方便，價錢合理。缺點是噪音大、出汁率底、很多不同的部分要清洗。我家榨汁機是用這類型的。

| 冷壓式榨汁機 |

與一般果汁不同之處除了貴上 3~4 倍之外，冷壓式榨汁機（cold press juicer）是製作時利用慢速的冷壓機動來分解食材。冷壓方式是在指定溫度（約 4℃ ~ 10℃）下，利用高壓形式將蔬果汁壓出來，因為長時間保持在低溫狀況，就更能保留蔬果完整的維生素、礦物質以及酵素等。

優點是它不用刀片粉碎水果，便不會讓蔬果暴露在空氣裡，加快氧化；通過擠壓出汁來避免了大部分營養被氧化的缺陷，能保留高於傳統鮮榨果汁 4 倍的營養成分；而且與傳統的榨汁機相比可以產生更多的果汁。因為這樣擠出來的果汁會含有更多果肉，入口時會有比較厚的感覺，對於喜歡清爽口感的人來說，可能是缺點。另外，不夠親切的價格也是讓人在意的一項因素。

思慕昔與果汁的選擇

如果問我這個問題，兩款形式的飲料我都喜歡。思慕昔飽含果蔬內的所有纖維，濃稠而不膩，飲後較有飽滿感覺，所以我會選擇它們做為主食的一部份，特別是在早餐時。而果汁由於果肉多已被移除，喝起來清新沁涼，適宜做為佐餐的飲品。我有時會將果汁加入思慕昔中，希望能讓一杯本來已健康好喝的飲品更加兩全其美。

但請注意，市售的思慕昔或果汁多數加添了糖份，多喝反而對健康不良，所以最好還是在家自己做。

水果和蔬菜通常都只含有少量脂肪，膽固醇或鈉，並提供複雜的碳水化合物，纖維和營養素。大多數是低熱量的，它們含有天然的果糖，而非精製糖。不過，飲用也不要過量，患有糖尿病患者更請注意和與你們的醫生或營養師詳細商討。

這本書中介紹的飲品都是我平時最常做的。所用的水果和蔬菜在市場或超市均可買到。你也可以隨意加入你喜歡的種類，只需注意選擇和包括各種不同顏色的新鮮蔬菜水果，因為不同顏色的蔬果會提供給我們身體不同的營養成分。

每次做思慕昔或果汁，我都會加進一塊拇指大小的薑。因為薑具有提高免疫力、抗氧化、抗炎、和驅寒等特性。還可以幫助身體促進血液循環、加速新陳代謝等功能。

此外，每款飲品中也一定放入檸檬、青檸、橙或蒲萄柚等柑橘類的果汁。這些果汁不單富含維生素 C、讓飲料味道更清新外，還是天然的防腐劑並能防止水果氧化變黑。

保存期間

思慕昔和蔬果汁最好能趁新鮮飲用，也可以預先準備，放進冰箱冷藏約可保存1～2天，冷凍則可保存約3個月左右。

芒果酪梨思慕昔

 材料（**2 人份**）

新鮮（或冷凍）芒果肉，切塊	400g	椰子優格	4 大匙
酪梨，去皮去核切塊	200g	椰子水	400ml
小黃瓜，切塊	150g	檸檬汁	1 個
西洋芹，切段	120g	薑，刨去皮	指頭大小

🍴 做法

把所有材料放進攪拌機（blender）中，按下冰沙模式鍵將所有食材打至滑順即完成。可即時享用、冷藏或冷凍。

橙汁雜莓香蕉早飲

材料（**2 人份**）

新鮮（或冷凍）雜莓，洗淨去蒂....... 500g
（草莓、樹莓、黑莓、藍莓任選）

香蕉，去皮切段................. 2 根（約 250g）

亞麻籽末...................................... 2 大匙

鮮榨柳橙汁...................................... 400ml

青檸汁.. 1 個

薑，刨去皮..............................指頭大小

做法

把所有材料放進攪拌機（blender）中，按下冰沙模式鍵將所有食材打至滑順即完成。可即時享用、冷藏或冷凍。

椰奶草莓香蕉奶昔

 材料（**2 人份**）

新鮮香蕉，去皮切段	2 根	椰奶	400ml
草莓，洗淨去蒂	250g	檸檬汁	1 個
椰棗，去籽	2 個	薑，刨去皮	指頭大小
燕麥片	2 大匙		

做法

把所有材料放進攪拌機（blender）中，按下冰沙模式鍵將所有食材打至滑順即完成。可即時享用、冷藏或冷凍。

草莓黑莓白葡萄早飲

 材料（**2 人份**）

新鮮（或冷凍）草莓，洗淨去蒂...... 250g

新鮮（或冷凍）黑莓，洗淨去蒂...... 250g

白葡萄，洗淨............................... 250g

杏仁醬.. 2 大匙

椰子水... 400ml

檸檬汁.. 1 個

薑，刨去皮..指頭大小

 做法

把所有材料放進攪拌機中，按下冰沙模式鍵將所有食材打至滑順即完成。可即時享用、冷藏或冷凍。

雪梨小黃瓜菠菜思慕昔

 材料（**2 人份**）

雪梨，去皮去芯切塊	2 個	水	500g
嫩菠菜葉，洗淨切段	80g	檸檬汁	1 個
小黃瓜，切塊	80g	薑，刨去皮	指頭大小
薄荷葉	1 小把（約 15g）		

 做法

把所有材料放進攪拌機（blender）中，按下冰沙模式鍵將所有食材打至滑順即完成。可即時享用、冷藏或冷凍。

豆漿

 材料（**2000ml**）

有機黃豆... I 杯

水.. I2~I3 杯

 工具

堅果奶袋（或紗布巾）I 個，過濾用

做法

1 黃豆洗淨用清水（份量外）蓋過 2 ~3 吋（5~8 公分）左右，浸泡 8 小時或過夜。用沸水的話，泡 4 小時便可以了。做豆漿前略為沖洗後瀝乾。

2 1 杯泡軟的乾黃豆會變成 3½ 杯左右的軟黃豆。把 1 杯泡軟的黃豆加 3½ 杯清水放入攪拌機（blender）打成豆漿，將豆漿倒進堅果奶袋，扭緊開口處，把袋中的豆奶慢慢完全擠進湯鍋中，豆渣取出放進大碗。重複此動作直至將全部黃豆打完，豆奶也都擠進鍋中。

3 用中火把濾好的豆漿煮沸，以中小火續煮 20 分鐘，不要上蓋。期間要小心看火，並不時把凝結在上層的豆奶皮撈起並輕輕地攪拌豆奶，以防黏底。

4 豆漿煮好後可隨口味放入 1 小匙純正天然的香草精（也可省略），從乾淨濾網倒進容器（或瓶）內，待完全放涼後便可以放入冰箱冷藏。

> **JANE'S POINT**
> - 豆漿也可以趁熱喝，加上少許鹽，配切片油條，便成充滿北方風味的早點。
> - 豆漿既可做為營養豐富的冷熱飲品，又可拿來做豆腐（p. 029）。豆渣也能用來當食材。如做成為美味的香煎豆渣餅、豆渣丸子、紅燒獅子頭等。
> - 豆渣密封冷藏可保存 3 ~ 4 天，冷凍可保存三個月。

蘋果雪梨奇異果西芹汁

材料（**2 人份**）

中型蘋果，去皮去芯切塊 .... 4 個	西洋芹，折開扯去纖維幼絲，切段 2 株	
中型雪梨，去皮去芯切塊 .... 2 個	青檸檬，把外皮、白囊和果籽除去 1 個	
奇異果，去皮切塊 .... 4 個	薑，刨去皮 ....指頭大小	

做法

把所有材料依順序放進榨汁機榨汁，可即時享用、冷藏或冷凍。

哈蜜瓜葡萄柚蘋果汁

🥄 **材料（2 人份）**

新鮮哈蜜瓜，去皮去籽切塊
.... 1 個（約 500g）

有機蘋果，去皮去芯切塊 .... 2 個

葡萄柚，去皮剝開 .... 1 個

薑，刨去皮 .... 指頭大小

🍴 **做法**

把所有材料依順序放進榨汁機榨汁，可隨意加冰塊，即時享用、冷藏或冷凍。

檸檬西瓜汁

材料（2 人份）

小型西瓜，去皮切塊...........................1 個

檸檬，把外皮、白囊和果籽除去

....1 個

薑，刨去皮.........................指頭大小

 做法

把所有材料依順序放進榨汁機
榨汁，可隨意加冰塊，即時享
用、冷藏或冷凍。

石榴葡萄柚白葡萄奇異果汁

 材料（**2 人份**）

石榴，剝好留下籽 .... 2 個

白葡萄 400g

奇異果，去皮切塊 .... 2 個

葡萄柚，去皮剝開 .... 1 個

薑，刨去皮 .... 指頭大小

做法

把所有材料依順序放進榨汁機榨
汁，可隨意加冰塊，即時享用、冷
藏或冷凍。

JANE'S POINT

剝石榴的方法──把石榴中間切
開，桌上放一大碗，將有籽那邊
的石榴放在五指攤開的手心上，
用大匙敲打果皮外方，讓果籽從
指縫掉進碗中，然後把果籽放進
果汁機內攪拌。

西瓜哈蜜瓜小黃瓜汁

 材料（**2 人份**）

哈蜜瓜肉	600g	青檸檬，把外皮、白囊和果籽除去
西瓜肉	600g	.... Ｉ個
小黃瓜	半條	薑，刨去皮 .... 指頭大小

做法

把所有材料依順序放進榨汁機榨汁，可即時享用、冷藏或冷凍。

PART 4

配菜

在週末計劃下週菜單時，主菜固然重要，但也絕對不能忽略配菜。配菜，根據各國各地的風土人情或地方習俗，有時被稱為旁菜，小菜、開胃小菜、佐料或輔料不等。簡單來說，是各種伴隨主菜或主餐的料理，目的在於襯托主菜的美感和美味。

配菜能讓一頓餐點更為豐富，不同的配菜的風味和口感可以突顯主菜的獨特風味和口感。更重要的是還能為每餐增添各式的膳食營養。

只要在選擇菜色時依照季節時令採買食材，並留意搭配均衡，務求在每天的主食與配菜中巧妙地蘊含各種自己和家人所需的養分。然後利用週末或假期預先把各款健康可口的小菜做好後冷藏起來。在烹調三餐時，便可以輕鬆地從中挑選，和準備好的主菜、湯品或現做的料理組合在一起，成為一桌子營養美味的菜色！甚至做為午餐、輕食、便當小菜等都很適合。

❧ 烤拌菇菌 ❧

很多人害怕清洗過後的新鮮菇菌因吸收了水分而減少其美味，或因烹煮過程中釋放的大量液汁而影響料理的成果。我與大家分享個好辦法——將菌類清洗瀝乾後，放進預熱 200℃ 的烤箱中每面烤至略呈甘黃，烤過的菇類，水份排出後，口感爽脆，味道更濃郁。可以拌上醬汁直接盛盤，或加入做好的中西菜裡即時混合完成。省時方便，還能保留各種菌類可愛的外型和特有的嚼勁。

下面為大家介紹三款烤拌不同新鮮菇菌的做法。它們不但美味可口，且用途很廣。可以放在麵線湯、蓋飯、碗裝料理、涼拌料理上，甚至在菜快炒好時加入、放在火鍋湯中做為佐菜等等，大家都可以依自己的口味安排。

涼拌杏鮑菇白蘑菇

{ 密封冷藏可保存 3～4 天 }

🥄 材料（**2～4 人份**）

A 食材

白蘑菇	350g
杏鮑菇	350g
鹽	½ 小匙
橄欖油	1 大匙

B 涼拌醬汁

生抽（淡醬油）	2 大匙
烏醋	1 大匙
麻油	1 大匙
糖	2 小匙

🍴 JANE'S POINT 🍴

可以直接盛盤上桌，也可以放進
容器內，待涼後放入冰箱存放。

🍴🍴🍴 做法

1. 預熱烤箱至 180°C／350°F（fan 160°C），小心沖洗杏鮑菇（杏鮑菇的圓頂
部非常脆弱，容易崩落）、白蘑菇一一洗淨。

2. 白蘑菇切齊蒂部，杏鮑菇橫切至與蘑菇大小相等的小段，圓頂段縱切開
二。一起放進大碗中、加入鹽和油拌勻。

3. 烤盤上放鋼條架，把菇類一字排開，置烤箱內烤至兩邊略呈金黃，約 15～
20 分鐘。期間反轉一次。

4. 烤菇期間將醬汁拌勻。菇類烤好後夾起放進碗內，倒入醬汁一起拌勻。

涼拌秀珍菇

{ 密封冷藏可保存 3 ~ 4 天 }

材料（2 ~ 4 人份）

A 食材

秀珍菇	450g
薑，切細絲	l 塊指頭大小
鹽	½ 小匙
玄米油	l 大匙

B 涼拌醬汁

生抽（淡醬油）	2 大匙
白醋	l 大匙
味醂	l 大匙
麻油	l 大匙
糖	2 小匙
胡椒粉	½ 小匙
橄欖油	½ 大匙

做法

1　預熱烤箱至 180°C／350°F（fan 160°C），把秀珍菇沖洗瀝乾，放進大碗中、加入鹽油拌勻。

2　烤盤上放鋼條架，把秀珍菇排開，放置烤箱內烤至兩邊略呈褐色，約 15 ~ 20 分鐘。期間反轉一次。

3　烤菇期間製作醬汁。熱鍋下油以中火爆香薑絲至軟，轉小火，加入醬汁煮至糖溶化便即離火，把汁倒入大碗中放涼。

4　菇類烤好後夾起放進容器或盤子上，倒入放涼後的醬汁拌勻。

> **JANE'S POINT**
>
> 可以直接盛盤上桌，也可以放進容器內，待涼後放入冰箱存放。

烤拌杏鮑菇鴻喜菇

{ 密封冷藏可保存 3 ~ 4 天 }

材料（ **2 ~ 4 人份** ）

A 食材

杏鮑菇	350g
鴻喜菇	150g
薑，切細絲	4 片
紅、青辣椒，去籽切細絲	各 1 個
鹽	½ 小匙
玄米油	1 大匙
烘熟芝麻	2 大匙

B 醬汁

生抽（淡醬油）	1 大匙
素蠔油	1 大匙
料酒（米酒）	1 大匙
米醋	1 大匙
麻油	1 大匙
糖	2 小匙
橄欖油	½ 大匙

JANE'S POINT

可以直接盛盤上桌，也可以放進容
器內，待涼後放入冰箱存放。

 做法

1 預熱烤箱至 200℃／390℉，小心沖洗杏鮑菇後、切成粗長條狀。鴻喜菇切
去底部、剝開洗淨瀝乾，全部放進大碗中、加入鹽油拌勻。

2 烤盤上放鋼條架，把菇類排開，放置烤箱內烤至兩邊略呈棕黃色，約 15 ~
20 分鐘。期間反轉一次。

3 烤菇期間製作醬汁。熱鍋下油以中火爆香薑絲與青紅椒絲，轉小火，加入
醬汁略煮至糖溶化便即離火，把汁過濾至大碗中待涼。

4 菇類烤好後，夾起放進碗內，倒入放涼後的醬汁拌勻。

炒牛蒡絲

{ 密封冷藏可保存 3～4 天 }

材料（2～4 人份）

A 食材

牛蒡	1 根
薑，切細絲	6 薄片
烤香白芝麻	2 大匙
葵花油	1 大匙

B 醬料

料酒（米酒）	1 大匙
麻油	1 大匙
生抽（淡醬油）	1 大匙
豆瓣醬	1 大匙
糖	1 小匙
胡椒粉	½ 小匙

> ♟ JANE'S POINT ♟
>
> 可以把炒好的牛蒡絲分開兩盒存放，
> 待涼後一盒放冰箱冷藏，一盒冷凍。

做法

1 牛蒡洗淨削皮後，先斜切成 4 公分左右的長薄片，再把薄片切成細絲。

2 將切好的牛蒡絲放進清水中浸泡，可以防止氧化變黑，但不要浸泡太久以免流失養分。

3 熱鍋下油，中火爆香薑絲，把牛蒡絲瀝乾下鍋，輕炒一會，下酒炒至稍軟，再把剩下的醬料依次序加入，翻炒拌勻至牛蒡絲香軟柔潤。

4 吃時撒進一大把烤香的白芝麻。

五香燜蘿蔔

{ 密封冷藏可保存 3～4 天 | 冷凍可保存 3 個月 }

材料（**2～4 人份**）

A 食材

中型大小的白蘿蔔	Ｉ條
紅辣椒，去籽切圈	Ｉ支
薑，切細絲	Ｉ塊指頭大小
八角	2 粒
五香粉	Ｉ小匙
葵花油	Ｉ大匙

B 調味料

料酒（米酒）	Ｉ大匙
生抽（淡醬油）	Ｉ大匙
素蠔油	Ｉ大匙
麻油	Ｉ大匙
鹽	Ｉ小匙
糖	Ｉ小匙
胡椒粉	½ 小匙

做法

1　白蘿蔔刨皮洗淨，切成粗條狀。

2　熱湯鍋下油，中火爆香薑絲和紅辣椒，放入白蘿蔔翻炒一會，下酒兜炒後依次加進調味料炒勻。

3　放進八角和五香粉拌勻，下水蓋至剛淹過蘿蔔，大火滾開後轉小火，燜煮至蘿蔔軟熟，約 30 分鐘。

4　可把煮好的蘿蔔分成兩份，一份放進容器內，待涼後置冰箱冷藏或冷凍。另一份用少許太白粉水把湯汁稍微勾薄芡，盛盤上桌。

糖醋藕片

{ 密封冷藏可保存 3～4 天 | 冷凍可保存 3 個月 }

材料（2～4 人份）

A 食材

蓮藕	400g
烤香白芝麻	適量
食用乾辣椒籽末	適量

B 醬料

白醋	2 大匙
楓糖漿	1½ 大匙
生抽（淡醬油）	1 大匙
麻油	1 大匙
鹽	¼ 小匙

🍴 JANE'S POINT 🍴

可以直接盛盤上桌，也可以分開兩盒存放，一盒放冰箱冷藏，一盒冷凍。

做法

1 蓮藕削皮洗淨，切成薄片。

2 小湯鍋注水燒開（要能剛蓋過藕片表面），放進藕片，煮滾後轉小火加蓋煮 2~3 分鐘至藕片軟而爽脆，倒出瀝乾，放進盤子或容器內。

3 把拌勻的醬汁淋在藕片上，小心翻轉以均勻沾附醬汁。

4 吃時隨口味拌進少許乾辣椒籽末，然後撒上烤香的白芝麻。

金針雲耳粉絲炒金針菇

{ 密封冷藏可保存 3～4 天 }

材料（**2～4 人份**）

A 食材

紅糖豆腐乳	½ 塊
橄欖油	2 小匙
金針菇	200g
乾金針花	10g
雲耳（黑木耳）	10g
冬粉 1 小包	50g
薑	指頭大小
玄米油	1 大匙

B 調味料

料酒（米酒）	1 大匙
生抽（淡醬油）	1 大匙
麻油	2 小匙
鹽	½ 小匙
糖	2 小匙

做法

1　豆腐乳用橄欖油拌勻備用。 金針菇剪去蒂部，再從中間剪開成二段，剝開洗淨瀝乾。乾金針花和黑木耳用熱水蓋著浸泡 30 分鐘，略剪去金針花尾部硬的梗，洗淨瀝乾。冬粉 1 小包 50g，用冷水浸泡約 30 分鐘，變軟後瀝乾。薑切細絲。

2　中火熱鍋，下玄米油，放入薑絲爆炒，加入 1 的紅腐乳油炒香；然後放入金針花、黑木耳炒軟。

3　加進金針菇和調味料炒拌一會後，下冬粉。炒至冬粉軟滑透明，湯汁收乾即可。

麻辣木耳香筍

{ 密封冷藏可保存 3～4 天 | 冷凍可保存 3 個月 }

材料（**2～4 人份**）

A 食材

熟筍	400g
白背木耳	1 小朵
紅辣椒	2 支
葵花油	1 大匙

B 調味料

麻辣醬	1 大匙
生抽（淡醬油）	1 大匙
麻油	2 小匙
鹽	¼ 小匙
料酒（米酒）	1 大匙
糖	2 小匙

做法

1 熟筍沖洗瀝乾，切片。白背木耳用熱水浸泡至軟，約 2 小時。紅辣椒去籽後切成細絲。

2 中火熱鍋下油，爆香紅椒絲、下木耳絲拌炒一會，加入麻辣醬兜勻。

3 放進筍絲拌勻；然後加進剩下的調味料炒至筍絲熱透。

JANE'S POINT

可以直接盛盤上桌，也可以放進容器內，待涼後加蓋密封放入冰箱存放。

腐乳四季豆

{ 密封冷藏可保存 3～4 天 }

材料（ **2～4 人份** ）

四季豆	400g	糖	1 小匙
有機豆腐乳	3～4 塊	鹽	¼ 小匙
料酒（米酒）	1 大匙	乾辣椒籽	少許
麻油	1 大匙	葵花油	1 大匙

做法

1 四季豆切段。有機腐乳 3～4 塊，在小碗中搗爛拌開。

2 小湯鍋注水至約蓋過四季豆，煮開，放進四季豆汆燙至七分熟左右，撈起瀝乾。

3 中火熱炒鍋下油，放進四季豆翻炒，下腐乳、下酒翻炒拌勻，再依次加進麻油、糖和鹽；一起翻炒至四季豆軟稔入味。

4 可以即時盛盤上桌，也可以放進容器內，待涼後加蓋密封放入冰箱存放，吃時隨口味撒上少許乾辣椒籽增添風味。

素蠔油拌芥菜

{ 密封冷藏可保存 3 ~ 4 天 }

材料（ **2 ~ 4 人份** ）

A 食材

芥菜	約 600g
薑	3 片
鹽	1 小匙
橄欖油	1 大匙

B 素蠔油醬

素蠔油	1 大匙
（自製素蠔油做法 p.009）	
生抽（淡醬油）	1 大匙
開水	1 大匙
麻油	1 小匙
龍舌蘭糖漿	1 小匙

做法

1 芥菜洗淨後瀝乾切段。中火熱湯鍋下油，爆香薑片，倒水約 1000ml（份量外）煮沸，下鹽。

2 把芥菜放進沸水，汆燙至菜葉呈嫩綠顏色便成，約 1~2 分鐘便即撈起，在篩網上攤開瀝乾。

3 盛盤上桌，淋上拌勻後的素蠔油醬汁。

JANE'S POINT

可以直接盛盤上桌，也可以放進容器內，待涼後密封放入冰箱存放。

金針菇粉絲菜脯炒奶油白菜

{ 密封冷藏可保存 3 ~ 4 天 }

材料（ **2 ~ 4 人份** ）

A 食材

奶油白菜	600g
粉絲	100g
菜脯	4 條
金針菇	150g
薑切細絲	3 片
紅辣椒	1 支
玄米油	1 大匙

B 調味料

鹽	½ 小匙
糖	½ 小匙
麻油	2 小匙
素蠔油（ p.009 ）	1 大匙

做法

1 菜脯用冷水浸 30 分鐘，切碎粒。奶油白菜洗淨瀝乾，中切開二。金針菇切去蒂部，剝開洗淨瀝乾。紅辣椒去籽切絲。

2 中火熱鍋下油，加入薑絲、辣椒絲和菜脯粒炒香，加入奶油白菜炒一會。

3 下調味料、粉絲和金針菇炒至粉絲吸收了菜汁。試味，可酌量加少許糖。

JANE'S POINT

可趁熱享用，或夾起放進容器內，待涼後後密封放冰箱內存放。

薑絲炒奶油白菜
{ 密封冷藏可保存 3～4 天 }

材料（**2～4 人份**）

A 食材

奶油白菜	600g
薑	3 片
玄米油	1 大匙

B 調味料

鹽	½ 小匙
糖	½ 小匙
麻油	2 小匙
素蠔油（p.009）	1 大匙

做法

1　奶油白菜洗淨瀝乾，中切開二。薑片切成細絲。

2　熱鍋下油，爆香薑絲，加入奶油白菜兜炒一會，下調味料拌勻，炒至白菜剛熟。

♟ JANE'S POINT ♟

可趁熱享用，或夾起放進容器內，待涼後後密封放冰箱內存放。

 做法

燙青花菜

{ 密封冷藏可保存 3 ~ 4 天 }

材料（**2 ~ 4 人份**）

青花菜	400g
鹽	½ 小匙
橄欖油	1 大匙

1. 青花菜用刨皮刀刨去粗硬的外皮和節梗，切段，洗淨瀝乾。

2. 湯鍋注水，下鹽、油煮沸。把青花菜放進沸水中大火汆燙約 1.5 分鐘，在水快被煮開前便要快速撈起，在篩網上攤開放涼。

3. 冷卻後放進容器冷藏，吃時再加熱，淋上素蠔油醬汁或麻油生抽（淡醬油）拌勻，也可以加進其他小菜裡兜炒，再一起盛碟上桌。

燙菠菜

{ 密封冷藏可保存 3～4 天 }

材料（**2～4 人份**）

菠菜	500g
鹽	½ 小匙
橄欖油	1 大匙

做法

1　菠菜洗淨瀝乾。

2　湯鍋注水，下鹽、油煮沸，保持大火。拿著菠菜莖葉部分，將根部垂直浸入沸水中燙 30 秒。然後將莖葉部份也一起放入水中汆燙 20~30 秒至軟，便迅即撈起，放在篩網上瀝乾，並用乾淨剪刀將菜剪開以方便存放。

3　冷卻後放進容器冷藏，吃時再加熱，淋上素蠔油或麻油生抽（淡醬油）拌勻，也可以加進其他小菜裡一起炒。

素蠔油拌菜心

{ 密封冷藏可保存 3～4 天 }

材料（**2～4 人份**）

A 食材

菜心	600g
薑	3 片
鹽	1 小匙
橄欖油	1 大匙

B 素蠔油醬汁

素蠔油（p.009）	1 大匙
生抽（淡醬油）	1 大匙
開水	1 大匙
麻油	1 小匙
龍舌蘭糖漿	1 小匙

做法

1 菜心洗淨瀝乾切段。

2 中火熱湯鍋下油，爆香薑片，倒水約 1000ml（份量外）煮沸，下鹽。

3 把菜心放進沸水，汆燙約 1.5 分鐘在水未沸開前便即撈起，在篩網上攤開瀝乾。

4 盛盤上桌，淋上拌勻了的素蠔油醬汁。

🍴 JANE'S POINT 🍴

可趁熱享用，或夾起放進容器內，待涼後後密封放冰箱內存放。

西班牙帕德龍小青椒（簡易氣炸鍋版）

材料（2～4人份）

A 食材

帕德龍小青椒................. 150g

橄欖油.......................... 1 大匙

海鹽.............................. 少許

B 蘸醬

義大利香醋................... 1 大匙

生抽（淡醬油）.......... 1 大匙

龍舌蘭糖醬................... 1 大匙

乾辣椒籽...................... 少許

做法

1. 預熱氣炸鍋至 180℃。把小青椒放進大碗中，加入橄欖油和海鹽拌勻。放進氣炸鍋炸 6～8 分鐘至呈香軟焦皺狀，不要炸太久，期間用筷子夾起翻轉 1~2 次。

2. 沒有氣炸鍋的話，可改用平底鍋加熱下油，把小青椒以中大火炒至焦軟，撒點海鹽便可上桌。

3. 氣炸或炒好的小青椒直接吃已非常清新可口，冷吃熱食皆可。喜歡的話，把醬汁拌勻放在一旁沾蘸更添美味。

烤香草煙紅椒粉小馬鈴薯（簡易氣炸鍋版）

材料（4人份）

小馬鈴薯..................... 約 400g

橄欖油.......................... 2 大匙

乾混合香草................... 2 小匙

煙紅椒粉...................... 1 小匙

海鹽.............................. 適量

鮮磨黑椒...................... 適量

JANE'S POINT

可趁熱享用，或夾起放進容器內，待涼後後密封放冰箱內存放。

做法

1. 小馬鈴薯洗淨留皮切開。

2. 氣炸鍋底放一四方耐熱小盤（也可自製鋁鉑紙盤），用刷子抹上一層薄薄的油，關好，設 200℃，預熱 5 分鐘。

3. 把小馬鈴薯放進大碗中，將其他材料全部加入拌勻，放進氣炸鍋炸 20～25 分鐘左右至金黃酥軟，期間翻轉一次。

4. 沒有氣炸鍋的，可放進預熱 200℃ 的烤箱烤 30 分鐘，期間翻轉 1 次。

5. 氣炸或烤好的小馬鈴薯佐以腰果優格醬（p. 016），非常好吃。

PART 5

主菜

子薑鳳梨素肉片

材料（**4 人份**）

A 食材

烤麵豆肉（p.021）......................	200g
玉米粉..	1 大匙
不含人工糖精的壽司子薑..............	120g
新鮮鳳梨......................................	350g
青椒..	½ 個
紅椒..	½ 個
茴香頭（可用洋蔥代替）..............	½ 個
西芹莖..	2 株
玉米筍..	150g

玄米油..	3 大匙
香菜（可不放）..........................	少許

B 調味料

鹽..	½ 小匙
生抽（淡醬油）..........................	1 小匙
麻油..	1 小匙
料酒（米酒）..............................	1 大匙
米醋..	1 大匙
糖..	2 小匙

做法

1 青紅椒去籽切角。茴香頭切丁。西芹斜切成小段。玉米筍斜切成小段。烤
   麵豆肉切薄片。

2 把素肉片放進玻璃瓶內，放入玉米粉，加蓋，上下搖勻，倒在篩網上篩去
   多餘粉量。中火燒熱炒鍋，下油 2 大匙，放入素肉片單層排開，煎至略微
   金黃，便用鍋鏟和筷子快速翻轉，把另一面也煎至略微金黃，全部盛起在
   鋪了廚房紙巾的盤子上吸油。

3 原鍋下油 1 大匙，轉大火，加入茴香丁炒香；下西芹、青紅椒、玉米筍炒
   軟；加進子薑、鳳梨炒一會兒，按次序下調味料、繼續翻炒至入味。放入
   素肉片回鍋炒熱，素肉片外面的玉米粉會把鍋中蔬菜炒出的水份芡成菜
   汁。下香菜，試味，盛盤。

JANE'S POINT

· 裹上玉米粉的素肉片煎時要保存些許距離，不然很易黏在一起。

· 素肉片因已預先煮熟，在下油煎時無需久煎，以免變硬，只要煎至邊緣稍微
  呈金黃便要馬上翻面，另一面也是煎至略微金黃，便即刻盛起。

沙茶素肉片

材料（**4 人份**）

A 食材

水煮麵筋肉（p.019）	200g
玉米粉	1 大匙
四季豆	100g
西芹	2 條
小型有機紅蘿蔔	2 條
青椒	½ 個
紅椒	½ 個
玉米筍	150g
蘆筍	100g
玄米油	3 大匙
薄荷葉（或香菜）（可不放）	少許

B 調味料

鹽	½ 小匙
香菇味粉（p.004）	1 小匙
素沙茶醬	1 大匙
生抽（淡醬油）	1 小匙
料酒（米酒）	1 大匙
糖	½ 小匙

做法

1. 水煮麵筋肉切成薄片。四季豆摘去頭部，撕去兩邊筋絲，對折成兩段。西芹去筋絲，斜切成段。紅蘿蔔斜切成薄片。青紅椒去籽切角。玉米筍斜切成片。蘆筍切去老根、斜切成段。

2. 四季豆先用少許沸水汆燙，瀝乾。把素肉片放進玻璃瓶內，放入玉米粉，加蓋，上下搖勻，倒在篩網上篩去多餘粉量。

3. 中火燒熱炒鍋，下油 2 大匙，加入素肉片單層排開，煎至略微金黃，便用鍋鏟和筷子快速翻面，把另一面也煎至略微金黃，全部盛起在盤子上。

4. 原鍋下油 1 大匙，轉大火，加入西芹、紅蘿蔔、青紅椒、玉米筍炒軟；加進四季豆炒一會兒，按次序下調味料、繼續翻炒至入味。放入素肉片回鍋炒熱，素肉片外面的玉米粉會把鍋中蔬菜炒出的水份芡成菜汁，需要的話，可加點水調整。下薄荷葉（或香菜），試味，盛盤。

青花菜炒素肉片

材料（**4 人份**）

A 食材

水煮麵筋肉（p.019）	200g
玉米粉	1 大匙
青花菜，切小朵	350g
小型有機紅蘿蔔	2 條
雪白菇	150 g
薑	3 片
小紅辣椒	1 支
玄米油	3 大匙

B 調味料

鹽	½ 小匙
白胡椒粉	½ 小匙
生抽（淡醬油）	1 小匙
麻油	1 小匙
酒	1 大匙
素蠔油（p.009）	1 大匙
糖	½ 小匙

做法

1. 水煮麵筋肉切成薄片。青花菜切成小朵。紅蘿蔔斜切成薄片。雪白菇一一剝開，洗淨瀝乾。薑片切成細絲。紅辣椒去籽切絲。

2. 把素肉片放進小玻璃瓶內，放入玉米粉，加蓋，上下搖勻，倒在篩網上去掉多餘粉量。中火燒熱炒鍋（無需下油），放入雪白菇炒乾，盛起。

3. 原鍋用廚房紙巾抹乾，中火燒熱，下油 2 大匙，放入素肉片單層排開，煎至略微金黃，便用鍋鏟和筷子快速翻面，把另一面也煎至略微金黃，全部盛起在盤子上。

4. 原鍋再下油 1 大匙，保存中火，加入薑絲、紅辣椒絲炒香；下青花菜和紅蘿蔔，轉大火炒軟，按次序下調味料繼續兜炒至入味，下雪白菇和素肉片回鍋炒熱，素肉片外面的玉米粉會把鍋中蔬菜炒出的水份芡成菜汁，需要的話，可加點水調整濃稠度，試味，盛盤。

♦ JANE'S POINT ♦

- 裹上玉米粉的素肉片煎時要保存些許距離，不然很易黏在一起。
- 素肉片因已預先煮熟，在下油煎時無需久煎，以免變硬，只要煎至邊緣稍微呈金黃便要馬上翻面，另一面也是煎至略微金黃，便即刻盛起。

腰果香筍素肉丁

材料（4 人份）

A 食材

烤麵豆肉（p.021）…… 200g
玉米粉…… 1 大匙
熟筍…… 200g
杏鮑菇…… 2 個
中型有機紅蘿蔔…… 2 條
西芹…… 2 條
薑…… 3 片
小紅辣椒…… 1 支
玄米油…… 3 大匙
烤腰果…… 4 大匙

B 調味料

鹽…… ½ 小匙
白胡椒粉…… ½ 小匙
生抽（淡醬油）…… 1 小匙
麻油…… 1 小匙
酒…… 1 大匙
素蠔油（p.009）…… 1 大匙
香菇味粉（p.004）…… 1 小匙
糖…… ½ 小匙

做法

1 素肉、熟筍、杏鮑菇、紅蘿蔔以及西芹都切成小丁。薑片切成細末。紅辣椒去籽切成細絲。

2 素肉丁放進玻璃瓶內，放入玉米粉，加蓋，上下搖勻，倒在篩網上篩去多餘粉量。中火燒熱炒鍋（不用下油），放入杏鮑菇炒乾，盛起。

3 原鍋用廚房紙巾抹乾 ，中火燒熱，下油 2 大匙，下素肉丁單層排開，煎至略微金黃，便用鍋鏟和筷子快速翻面，把每一面也煎至略微金黃，全部盛起在盤子上。

4 原鍋再下油 1 大匙，保存中火，加入薑絲、紅辣椒絲炒香；下西芹、紅蘿蔔、熟筍炒軟，依序下調味料兜炒至入味，放入杏鮑菇和素肉丁回鍋炒熱，素肉丁外面的生粉會把鍋中蔬菜炒出的水份芡成菜汁，需要的話，可加點水調整濃稠度。

5 試味，加進腰果兜勻，盛盤。

JANE'S POINT

- 裹上玉米粉的素肉丁煎時要保存些許距離，不然很易容黏在一起。
- 素肉丁因已預先煮熟，在下油煎時無需久煎，以免變硬，只要煎至邊緣稍微呈金黃便要馬上翻面，另一面也是煎至略微金黃，便即刻盛起。

五香豆腐炒什蔬

🍳 材料（**4 人份**）

A 食材

板豆腐（p.029）	400g
小型紐扣蘑菇（白色或栗色皆可）	150g
薑	3 片
小紅辣椒	1 隻
白花椰	150g
小型紅蘿蔔	1 條
小型櫛瓜	½ 條
西芹	2 株
香菜	隨意
葵花油	3 大匙
腰果（或芝麻）伴碟上桌	隨意

B 豆腐調味粉

鹽	½ 小匙
五香粉	½ 小匙
白胡椒粉	½ 小匙

C 調味料

鹽	½ 小匙
生抽（淡醬油）	1 大匙
麻油	2 小匙
糖	½ 小匙
料酒（米酒）	1 大匙
素蠔油	1 大匙

🍴 做法

1 紐扣蘑菇洗淨瀝乾，大的一切開二。薑片切成末。紅辣椒去籽切絲。白花椰切成小朵。

2 紅蘿蔔切成片。櫛瓜和西芹切成丁。

3 豆腐調味粉在小碗中拌勻。

4 豆腐小心沖洗後用乾淨廚巾吸乾水份，切成小長方塊，約 3×4 公分大小，1 公分左右厚度。

5 中火熱鍋下油 2 大匙，放入豆腐塊排開，上面均勻撒上 ½ 的豆腐調味粉，煎至金黃，翻轉，再撒上另一半的豆腐調味粉，也煎至金黃，盛起備用。

6 把鍋放回爐上，不加油，放入蘑菇炒香炒乾，盛至豆腐盤上。

7 原鍋下油 1 大匙，加入薑末、椒絲炒香，加進所有蔬菜兜炒一會，按次序下調味料繼續兜炒至熟和入味。蘑菇和豆腐回鍋炒熱，加入香菜炒勻，試味，盛盤。

茴香彩椒炒炸豆腐
（健康氣炸鍋版）

材料（4 人份）

A 食材

板豆腐（p.029）	400g
茴香頭（可用洋蔥代替）	½ 個
三色青椒	各 ½ 個
自製香菇味粉	1 小匙
玄米油	2 大匙
香菜	適量
烘芝麻	隨意

B 豆腐調味粉

油	½ 大匙
鹽	½ 小匙
五香粉	½ 小匙
白胡椒粉	½ 小匙

C 調味料

鹽	½ 小匙
五香粉	½ 小匙
白胡椒粉	½ 小匙
生抽（淡醬油）	1 大匙
麻油	2 小匙
糖	½ 小匙
料酒（米酒）	2 大匙

做法

1　茴香頭切丁，三色青椒去籽切丁備用。

2　豆腐調味粉在小碗中拌勻。

3　豆腐小心沖洗後用乾淨廚巾吸乾水份，切成 2 公分左右方塊，放進大碗中，再撒上豆腐調味粉，輕輕在碗中拌勻或拋勻。

4　方型烤盤下油 ½ 大匙刷勻，放進設在 180℃ 的氣炸鍋中預熱 3 分鐘。把豆腐放入逐塊排開，設定 20 分鐘。期間每 5 分鐘取出翻面一下，並用軟刷子沾烤盤的油輕輕塗在豆腐表面。把豆腐每邊氣炸呈金黃色後，取出。

5　調味料先在小碗中拌勻。中火熱炒鍋下油 1 大匙，加入茴香頭、香菇味粉炒香，下三色青椒丁炒軟，加進豆腐，下調味料兜炒至入味，隨意下香菜。試味，盛盤。

♀ JANE'S POINT ♀

· 準備一個能剛好放進氣炸鍋底部的四方小烤盤，或用鋁箔紙自製成小烤盤來使用。

· 若使用市售香菇味粉，只需 ¼ 或 ½ 小匙。

五味醬佐酥炸豆腐
（健康氣炸鍋版）

材料（**4 人份**）

A 食材

板豆腐（p.029）...................... 400g
薑末.. 1 小匙
小紅辣椒.................................... 1 支
麻油.. 2 小匙
玄米油.. 1½ 大匙
芝蔴.. 隨意

B 豆腐醃料

油.. ½ 大匙
鹽.. ½ 小匙

白胡椒粉.................................... ½ 小匙

自製香菇味粉............................ 1 小匙

（市售的鹹味較重的話，只需 ¼ 或 ½ 小匙）

C 五味醬汁

素蠔油.. 1 大匙

生抽（淡醬油）........................ 1 大匙

黑醋.. 2 大匙

糖（隨個人口味）.................... 1~2 大匙

辣椒油（或豆瓣醬）................ 1 小匙

做法

1　紅辣椒去籽切圈。

2　豆腐小心沖洗後用乾淨廚巾吸乾水份，切成 2 公分左右方塊，放進大碗中，加入豆腐醃料，輕輕在碗中拌勻。

3　方型烤盤下油 ½ 大匙刷勻，放進設在 180℃ 的氣炸鍋中預熱 3 分鐘。把豆腐放入逐塊排開，設定 20 分鐘。期間每 5 分鐘取出翻面一下和用軟刷子沾烤盤的油輕輕掃在豆腐表面。把豆腐每邊氣炸至金黃，取出。

4　調味料在小碗中拌勻。

5　中火熱炒鍋下油 ½ 大匙，下薑末和辣椒爆香，加入五味醬汁煮滾，用小火收汁，試味。

6　放入豆腐，加麻油，在醬汁中小心翻動煮熱入味（但不用煮太久）。盛盤，下芝蔴上桌。

JANE'S POINT

· 準備一個能剛好放進氣炸鍋底部的四方小烤盤，
　或用鋁箔紙自製成小烤盤來使用。
　若使用市售香菇味粉，只需 ¼ 或 ½ 小匙。

香煎脆椒鹽豆腐

材料（**4 人份**）

A 食材

板豆腐（p.029）	400g
小紅辣椒	1 支
西生菜	½ 個
葵花油	3 大匙
椒鹽粉（p.008）	隨意

B 豆腐調味粉

糯米粉	4 大匙
鹽	1 小匙
自製香菇味粉	1 小匙
白胡椒粉	1 小匙
川椒粉	1 小匙
五香粉	½ 小匙
糖	1 小匙

做法

1 紅辣椒去籽切小圈。

2 西生菜洗淨瀝乾，用廚房紙巾吸乾水份後，切成細絲。

3 豆腐調味粉放在小碗中拌勻。豆腐小心沖洗後用乾淨廚巾吸乾水份，切成 2 公分左右方塊。把豆腐放進碗中，加入調味粉，每塊均勻沾上後，平放盤子上。

4 中火熱平底鍋下油 3 大匙，把豆腐排開，煎至每面金黃，盛進鋪了廚房紙巾的盤子上吸油。鍋中放入紅辣椒丁，用中火以鍋中餘油爆香，備用。

5 取一盤子，上鋪生菜絲，放上豆腐，撒上辣椒粒，隨喜愛撒下椒鹽粉，盛盤。

♥ JANE'S POINT ♥

· 請注意，炒花椒時最好帶上口罩，不然會打噴嚏。

· 若使用市售香菇味粉，只需 ¼ 或 ½ 小匙。

香脆七味豆腐

材料（**4 人份**）

A 食材

板豆腐（p.029）	400g
小紅辣椒	1 支
壽司海苔	1 張
烘白芝蔴	些許
黑醋醬（p.008）	少許

B 豆腐調味粉

在來米粉	4 大匙
鹽	1 小匙
七味粉	1～2 小匙
自製香菇味粉	1 小匙
糖	1 小匙

做法

1 紅辣椒去籽切絲，壽司海苔剪成細短絲備用。

2 豆腐調味粉放在小碗中拌勻。豆腐小心沖洗後用乾淨廚巾吸乾水份，切成 2 公分左右方塊。把豆腐放進碗中，放入調味粉，每塊均勻沾上後，平放盤子上。

3 中火熱平底鍋下油 3 大匙，下小紅辣椒絲爆至香軟，盛起。把豆腐排進鍋內，煎至每面金黃，放進鋪了廚房紙巾的盤子上吸油。

4 把豆腐取起疊在另一盤中，放上海苔絲，辣椒絲，撒下芝蔴，佐以黑醋醬汁上桌。

> **JANE'S POINT**
>
> 若使用市售香菇味粉，只需 ¼ 或 ½ 小匙。

照燒豆腐

材料（**4 人份**）

A 食材

板豆腐（p.029）................................	400g
四季豆..	一把

B 豆腐調味粉

鹽..	½ 小匙
白胡椒粉......................................	1½ 小匙

C 照燒醬

醬油（tamari）..............................	2 大匙
味醂..	2 大匙
麻油..	1 大匙
有機龍舌蘭糖漿..............................	1 大匙
水..	1 大匙

做法

1 豆腐小心沖洗後用乾淨廚巾吸乾水份，切成小長方塊，3×4 公分大小，1 公分左右厚度，放在盤子上。

2 豆腐調味粉在小碗中拌勻，然後均勻地撒在豆腐塊上。

3 四季豆切細粒放在滾水中汆燙，迅即撈起瀝乾備用。

4 照燒醬汁在碗中拌勻。

5 中火熱鍋下油 2 大匙，把豆腐塊排開，煎至金黃，翻轉把另一面也煎至金黃。下醬汁，中大火煮滾收汁，轉小火慢煮，把每塊豆腐小心翻面吸收醬汁後，撒下四季豆粒，關火，盛盤。

番茄咖哩燴鷹嘴豆

{ 密封冷藏可保存 3～4 天 | 冷凍可保存 3 個月 }

材料（**4 人份**）

A 食材

茴香頭.. ½ 個

薑塊.................................... 指頭大小

小青辣椒.................................... 2 支

西芹.. 2 株

罐裝鷹嘴豆.............. 400g（2 罐）

罐裝碎番茄.............. 400g（2 罐）

嫩菠菜葉（可用羽衣甘藍代替）........ 250g

橄欖油.. 2 大匙

香菜...隨意

B 咖哩粉和調味料

綜合咖哩粉（garam masala）............ Ｉ 大匙

孜然粉...................................... 2 小匙

薑黃粉...................................... 2 小匙

卡宴辣椒粉（cayenne pepper powder）

.... ⅛ 小匙

黑胡椒粉.................................... ⅛ 小匙

檸檬汁...................................... 2 大匙

中東芝麻醬（tahini）.................... 2 大匙

有機蔬菜高湯精............................ Ｉ 塊

（或自製蔬菜高湯調味醬）

.... 2 大匙（p.007）

糖.. Ｉ 大匙

鹽.. Ｉ 小匙

做法

1 茴香頭切細角，小青辣椒去籽切絲。

2 把茴香頭、薑、小青辣椒、西芹放進攪拌機內打成醬狀。

3 中大火熱湯鍋下油 2 大匙，加進剛打好的菜醬，拌炒 5 分鐘至香味散發。

4 下罐裝碎番茄、咖哩粉和調味料拌勻，煮沸後轉小火加蓋燉 10 分鐘。

5 然後加入鷹嘴豆，再煮沸後加蓋一同燉 10 分鐘。

6 離火，加檸檬汁拌勻，試味。加進菠菜葉拌勻，下香菜，上桌。

煎釀茄子彩椒

材料（**4 人份**）

A 食材

三色甜椒	各 1 個
中式長形茄子	1 條
太白粉	1 大匙
葵花油	6 大匙

B 餡料

麵筋絞肉（p.023）	150g
煮熟栗子（可用市售真空包裝的）	100g
中等硬度豆腐	100g
冬菇	4 隻
荸薺（馬蹄，新鮮或罐裝）	50g

熟筍（罐裝或真空包裝）	50g
紅蘿蔔	50g
香菜	1 小把

C 醃料

鹽	½ 小匙
生抽（淡醬油）	1 小匙
素蠔油	1 大匙
麻油	1 大匙
白胡椒粉	½ 小匙
糖	½ 小匙
太白粉	2 小匙

做法

1 三色甜椒去籽，每個切成 8 份。茄子斜切成 1 公分左右厚塊。紅蘿蔔切厚片。

2 豆腐切小塊。冬菇洗淨後用熱水蓋著泡軟（約 2 小時），切開備用。

3 將餡料平均分成兩份，分兩次放進食物調理機（food processor）打成泥，一起倒進大碗中，加入醃料拌勻，備用。

4 用乾淨廚布抹乾彩椒和茄子的水份，彩椒內和茄子表面塗少許太白粉以助餡料黏緊。

5 用小刀將餡料釀上，輕輕按壓抹牢。

6 中火熱平底鍋，下油 3 大匙。把釀彩椒放入排開，釀面向下，用中小火煎至金黃，翻面另一面也煎至金黃。可以反覆翻轉數次煎至兩面都焦皺香軟，盛起放在鋪了廚房紙巾的盤子上吸油。

7 再下油 3 大匙，把釀茄子釀面向下，用中小火煎至金黃，翻面另一面也煎至金黃。可以反覆翻轉煎數次至兩面都焦皺香軟，盛起放在鋪了廚房紙巾的盤子上吸油。

8 將煎好的彩椒和茄子分別用小盤盛起。佐以甜醬油、辣醬或甜醬；也可以煮一小鍋薄芡淋上，兩種吃法，各具風味。

芋頭杏鮑菇筍丁什錦

材料（**4 人份**）

A 食材

芋頭	150g
紅蘿蔔	1 小條
四季豆	100g
杏鮑菇	1 個
熟筍	100g
玉米筍	50g
紅椒	½ 個
西班牙小綠椒	4 條
（可用青椒 ½ 個代替）	
熟栗子	100g
自製豆腐干（p.030）	4 片
薑	3 片
玄米油	2 大匙

B 調味料

鹽	½ 小匙
生抽（淡醬油）	1 大匙
料酒（米酒）	1 大匙
麻油	1 大匙
五香粉	¼ 小匙
糖	½ 小匙
白胡椒粉	½ 小匙
素沙茶醬	1 大匙
辣豆瓣醬	1 小匙
水	2 ～ 4 大匙（或適量）

❡ JANE'S POINT ❡

別忘了削芋頭皮時要帶手套，以免過敏手癢。

做法

1　芋頭洗淨去皮。

2　把所有材料切成約 1½ 公分左右的丁狀方塊。中火熱炒鍋下油 1 大匙，下薑片炒香，撥到一旁，加入芋頭煎至四面金黃，盛起。

3　原鍋下油 1 大匙，把紅蘿蔔、四季豆加入先炒一會，然後除了熟栗子和豆腐干外，把其餘的蔬菜加入炒拌，順次序下調味料翻炒至香軟，加進芋頭、栗子和豆腐干一起兜炒入味；如太稠的話可加點水，炒至香熱，試味，盛盤。

烤茄子藜麥沙拉

材料（**4 人份**）

A 食材

藜麥	250g
茄子	2 個（約 600g）
小番茄	200g
綠橄欖	60g
油漬乾番茄	60g
綜合葡萄乾	60g
烤杏仁片	40g
沙拉生菜	隨意
海鹽	適量
鮮磨黑胡椒	適量

B 楓糖橙汁香醋沙拉醬

鮮橙汁	2 大匙
義大利白香醋	2 大匙
橄欖油	2 大匙
楓樹或龍舌蘭糖漿	1 大匙

做法

1 茄子切成小方塊（不要大過 2 公分）。小番茄一切開二，油漬乾番茄切成小片。葡萄乾用溫水泡 5~10 分鐘至軟，瀝乾。

2 把全部的沙拉醬材料放進一個乾淨小瓶子內，加蓋用力上下搖勻成沙拉醬油，備用。

3 藜麥根據包裝指示煮熟，用長木叉挑鬆。

4 預熱烤箱至 220℃／420℉（fan 200℃）。烤盤上鋪烘焙紙，上刷少許橄欖油（份量外）。

5 把茄子放進大碗中，加入橄欖油、海鹽和鮮磨黑胡椒，拌勻，倒進烤盤上撥開攤平，烤 40～45 分鐘至茄子表面呈微焦和軟熟，取出。

6 取一大碗或大盤，將煮好的藜麥、烤好的茄子、切開的小番茄、油漬乾番茄、泡軟的葡萄乾、沙拉生菜放入拌勻。吃時淋上楓糖橙汁香醋沙拉醬。

黑豆胚芽米漢堡排

{ 密封冷藏可保存 3～4 天 | 冷凍可保存 3 個月 }

材料（做 6 個左右）

A 食材

罐裝黑豆	400g（1 罐）
胚芽米（或糙米）	125g
栗蘑菇	150g
茴香莖	1 個
橄欖油	1½ 大匙

B 調味料

蔬菜調味醬（p.007）	1 小匙

西班牙紅椒粉	1 小匙
黑醋醬（p.008）	1 大匙

※ 也可用醬油 1 小匙 + 義大利黑香醋
　 2 小匙拌勻代替

黃糖	½ 小匙
海鹽和鮮磨黑胡椒	適量
中筋麵粉	1 大匙
玉米粉	1 小匙

做法

1　罐裝黑豆沖洗瀝乾。胚芽米（或糙米）依據包裝指示煮熟成飯。栗蘑菇沖洗瀝乾，用乾布吸乾水份。茴香莖切丁備用。

2　中火熱炒鍋，乾鍋把栗蘑菇炒去水份，盛起。

3　原鍋下油 ½ 大匙，加入茴香丁炒至金黃軟熟。

4　把黑豆、胚芽米或糙米、茴香和蘑菇及所有調味料加進食物調理機（food processor）內攪勻成漢堡肉漿，倒進大碗中，放入冰箱 30 分鐘（或隔夜）。

5　需要時取出，用大匙挖起素肉漿，用手搓圓然後輕輕按壓成約 1½ 公分厚、8公分直徑的圓形漢堡排。

6　中火熱不沾鍋，下油 1 大匙，放入漢堡排開，每面煎 5 分鐘。

7　漢堡排夾進麵包，放上番茄、小黃瓜和沙拉，淋上番茄醬和芥末，便成為營養美味的漢堡。

薏仁黑豆馬鈴薯燉菜

材料（**4 人份**）

A 食材

洋薏仁	100g
小馬鈴薯	250g
茴香莖	1 個
西芹	4 株
中型紅蘿蔔	2 根
羽衣甘藍	150g
罐裝小番茄	400g（1 罐）
海鹽	適量
鮮磨黑胡椒	適量
橄欖油	1 大匙

B 調味料

料酒（米酒）	2 大匙
有機高湯精	1 塊
（或蔬菜調味醬 2 大匙 p.007）	
番茄膏（tomato purée）	2 大匙
糖	1 小匙
海鹽	適量
鮮磨黑胡椒	適量

做法

1 洋薏仁沖洗乾淨。小馬鈴薯切半。茴香莖、西芹及紅蘿蔔切丁。羽衣甘藍去除莖部，葉子切碎。

2 洋薏仁放入湯鍋內，用水蓋過 5 公分，大火煮滾後轉小火煮 15 分鐘，倒出沖洗瀝乾，備用。

3 預熱烤箱至 200℃／390℉（fan 180℃）。烤盤上放烘焙紙，刷上少許橄欖油（份量外）。

4 把小馬鈴薯放進大碗中，加入橄欖油、海鹽和鮮磨黑胡椒，拌勻，倒進烤盤上撥開攤平，烤 25～30 分鐘至小馬鈴薯每面金黃，取出。

5 烤小馬鈴薯期間。中火熱湯鍋下油，加進茴香爆至香軟；下西芹、紅蘿蔔拌炒一會，加入洋薏仁、罐裝小番茄和所有調味料拌勻，加水蓋過煮滾後，用小火先燉 30 分鐘。

6 馬鈴薯烤好後與黑豆和羽衣甘藍一起加進鍋中拌勻，大火滾起後以小火同燉15分鐘，試味，完成。吃時可撒上切碎的洋香菜或羅勒。

椰香腰果什錦蔬菜咖哩

材料（**4人份**）

A 蔬菜

馬鈴薯	500g
地瓜	250g
白花椰	350g
中型茄子	1條（約300g）

四季豆	200g
海鹽	適量
鮮磨黑胡椒	適量
橄欖油	1大匙

B 綜合咖哩粉

咖哩粉	1大匙

薑黃粉	1 大匙	葡萄乾	½ 杯
煙紅椒粉	1 大匙	椰奶	1 罐 400g
肉桂粉	1 小匙	有機蔬菜高湯精	1 塊
孜然粉	1 小匙	檸檬汁	2 大匙
乾辣椒籽	½ 小匙（可不加）	椰奶優格	1 杯

C 醬汁

茴香頭	1 個	椰糖或紅糖	1½ 大匙
薑塊	指頭大小	蔬菜高湯	1½ 杯
小紅辣椒	2 支	鹽	適量
番茄膏（tomato purée）	2 大匙	橄欖油	1 大匙
生腰果	½ 杯	烤腰果、檸檬角、香菜	隨意
		（上桌伴盤之用）	

🍴 做法

1　馬鈴薯去皮洗淨。地瓜洗刷乾淨，留皮。茴香頭切細角。薑塊磨成泥。紅辣椒去籽切成細絲。

2　葡萄乾放入溫水中浸軟，瀝乾。

3　將馬鈴薯、地瓜、白花椰、茄子分別切成 2.5 公分左右小塊，四季豆切段。全部放進湯鍋中，下水蓋過，加入 1 小匙鹽、1 大匙油，用大火滾開後轉小火煮 10 分鐘，撈起進大碗中，煮菜湯盛起備用。

4　原鍋中火燒熱下油 1 大匙，加入茴香角炒至香軟、下辣椒絲、薑絲炒香。把鍋移離爐火，加入番茄膏和綜合咖哩粉一起拌勻，放回爐上拌炒 1 分鐘左右，下椰奶、腰果、檸檬汁和 1½ 杯菜湯拌勻，用大火煮滾後，再加蓋以小火煮 5 分鐘至腰果軟熟成咖哩汁。

5　把咖哩汁分次放進攪拌機攪打至細滑，倒回湯鍋中，加進蔬菜、葡萄乾、糖和優格拌勻，以小火煮開，小心攪拌。如太稠的話，可多加優格或煮菜湯調至濃稠度合度便成，試味看有否需要加鹽。

6　以烤腰果、檸檬角、香菜伴盤上桌，佐以印度香米飯或椰奶飯（p. 146）。

PART 6

主食

上海炒麵

材料（2～4人份）

A 麵料

上海粗麵	250g
自製素肉（p.021）	200g
太白粉（或玉米粉）	1 大匙
薑	3 片
紅椒	1 支
高麗菜	100g
中型紅蘿蔔	1 條
新鮮草菇（或罐頭）	200g
奶油白菜，切開	1 把
玄米油	2 大匙

B 調味料

淡醬油（生抽）	1 大匙
陳年醬油（老抽）	1 大匙
素蠔油（p.009）	1 大匙
料酒	1 大匙
麻油	1 大匙
胡椒粉	¼ 小匙
鹽	½ 小匙
糖	½ 小匙
自製香菇味粉（p.004）	1 小匙
水	2 大匙
玄米油	3 大匙

C 佐料

香菜，切段	1 小把

做法

1. 薑切細絲，紅椒去籽切絲，高麗菜切粗絲，紅蘿蔔切細絲，草菇切開對半，奶油白菜切開成段。
2. 燒沸一鍋水，放入上海粗麵，再次燒開後便可撈起沖冷水，瀝乾。
3. 素肉切細絲，加入 1 大匙太白粉拌勻。炒鍋燒紅，下 2 大匙油，把素肉絲於鍋中排開煎至一邊金黃，約 30 秒，快速翻轉，煎至每面金黃，盛起。煎素肉速度要快，小心不要煎過火，不然會太硬。
4. B 調味料拌勻備用。
5. 中火熱鍋下油 1 大匙，放入薑絲和椒絲炒香，轉大火，下高麗菜、紅蘿蔔絲、草菇炒香，加進上海粗麵兜炒一會，下調味料和白菜，一起炒軟，然後下素肉兜炒拌勻，加香菜上桌。

﹗ JANE'S POINT ﹗

待完全放涼後，密封冷藏可保存 3～4 天。

港式芽菜炒麵

🥄 材料（**2～4 人份**）

A 麵料

無蛋乾麵	200g
玄米油	2 大匙
薑	3 片
綠豆芽菜	100 g

B 調味料

鹽	½ 小匙
胡椒粉	½ 小匙
淡醬油（生抽）	1 大匙
陳年醬油（老抽）	1 大匙
麻油	1 大匙
糖	½ 小匙

C 佐料

香菜，切段	1 小把
白芝麻，烘香	隨意

🍴 JANE'S POINT 🍴

待完全放涼後，密封冷藏可保存 3 ～4 天。

🍴🥄 做法

1 乾麵根據包裝指示放入沸水中略煮軟，沖冷水瀝乾備用。

2 熱鍋下油 1 大匙，以中火爆香薑片，下芽菜，¼ 小匙鹽、胡椒粉，把芽菜炒至 7 分熟，盛起備用，取出薑片。

3 原鍋再下油 1 大匙，加入麵用大火炒，並不斷用筷子把麵條挑鬆。分次下 ¼ 小匙鹽、生抽、老抽、麻油和糖，以中火拌炒均勻至麵條香軟。芽菜回鍋，分別用筷子和大木匙把麵條與芽菜炒勻，下香菜兜開，便可盛盤。吃時撒上一把烘香白芝麻，或佐以甜辣醬都很美味。

素肉蔬菜水餃

當家中有訪客小住、或長大了的孩子們週末一塊兒回家渡假、或遇著年節時分；如果你像我一樣，每天早午晚三餐都喜歡親自下廚的話，一定會忙到不行。

幸好餃子誰都愛吃，既易做又討好。預先把餡料做好冷凍，隨時都能動手包餃子。有時間的話，不妨把餃子包好一兩盤放進冷凍庫內，要吃時直接蒸、煮或煎都同樣方便。

想要節省冷凍空間的話，新鮮包好的第一批餃子每個之間保留少許距離防黏，單層平放在撒了一層薄粉的盤子上，放進冷凍庫，接著再包下一盤。第二盤包好時，可以把第一盤凍硬了的餃子，裝進烘焙紙袋內，再放回冷凍庫存放。然後用同樣方法處理第二、三盤等，每袋餃子在冷凍庫中疊起，既不會沾黏，又可以選擇份量，取出直接烹煮，快捷方便。

材料

A 餡料

素絞肉（p.023）	400g
乾香菇	6 朵
白背木耳	1 朵
高麗菜	400g
中型有機紅蘿蔔	1 根
芹菜	1 把
熟筍	200g
薑	3 片
粉絲	100 g
香菜	1 小把
葵花油	2 大匙

B 調味料

鹽	1 小匙
生抽	1 大匙
料酒	2 大匙
香菇粉	1 小匙
胡椒粉	1 小匙
麻油	2 大匙
素蠔油	2 大匙
糖	1 小匙

C 餃子皮（30 個）

中筋麵粉，份量外做為手粉	300g+
熱水（約 80℃）	100g
室溫水，份量外做為手粉	100g+
鹽	¼ 茶匙

做法

餡料

1 乾香菇泡軟切開，白背木耳泡軟切開，高麗菜粗切大塊，紅蘿蔔切段，芹菜摘去葉子切段，熟筍略沖洗，瀝乾粗切，粉絲用冷水泡軟，剪開，香菜切碎。

2 將除了素絞肉之外的全部材料，分兩份放進食物調理機（food processor）內打成粗粒餡料。

3 中火熱鍋下油，然後轉大火把全部餡料加進鍋中拌炒一會，下調味料把餡料炒香炒至七成熟，加入素絞肉、粉絲繼續炒至熱透和冬粉呈透明。

4 將煮好的餡料放涼備用。

餃子皮

5 大碗中篩進麵粉，加入熱水，用筷子把水和麵粉快速拌在一起；然後加入室溫水。用手搓揉攪拌成為無粉粒狀態的麵糰。如太軟的話可多加點粉，太乾了可以多加些水，直至麵糰軟硬適中。用手掌根部把麵糰搓揉 5 ~ 6 分鐘至光滑。

6 把麵糰放進已抹油的大碗中內，蓋上保鮮膜；靜置鬆弛 1 小時。

7 桌上撒麵粉，把鬆弛好的麵糰放在桌上，麵糰表面也撒些麵粉；然後搓揉 2 ~ 3 分鐘，使其更光滑有彈性。

8 桌上再撒麵粉，擀麵棍也抹上麵粉。把麵糰搓成長條，分成 30 等份。每份略搓圓，用掌心壓平，用擀麵棍將麵團擀成薄片，麵皮邊緣處再擀薄一些。用擰乾的乾淨濕布蓋著擀好的麵皮和等會包好的餃子。

9 在麵皮中間放上適量餡料，把兩邊的麵皮捏緊便成。又或者可以順著一邊捏出摺皺，摺好後把邊緣按緊收口，用雙手提起餃子，兩指頭從餃子後面，捏緊中央部份圍成半月形並向前推，把餃子按坐在檯上定形成半月形便成。

10 包好的餃子放在撒上粉的盤子中排開。

煮水餃

11 煮沸一鍋能蓋過餃子的水，水中加少許鹽和油。水滾後放入適量餃子，略為翻動，以防黏鍋。以中火煮沸後，再加入一杯水，至再煮滾即可撈起。

12 另備一大碗溫水，加入少許麻油拌勻，將煮好的水餃放入後，馬上撈起，可讓餃皮更Q軟清爽，且不會黏在一塊。

13 之後便可以配合各人自己喜愛的沾醬享用。

♥ JANE'S POINT ♥

· 冷凍水餃要和冷水一起入鍋，水中加少許鹽和油。蓋上鍋蓋煮滾，期間要略為翻動，以防黏鍋。以中火煮沸後，再加入一杯水，至再煮滾即可撈起。

· 餡料一次可做多些，冷凍起來，下次包餃子時便隨時有餡料應用，如果不想一次做太多的話，可把份量減半。

· 我們家喜歡用生抽、糖、紅醋、麻油和辣油／辣椒醬等混合而成的蘸醬，再配以切碎的香菜。

素肉蔬菜煎餃（鍋貼）

材料

新鮮做好的餃子.............. 8 ~ 12 隻
（p.139）

葵花油... 1 大匙

> **JANE'S POINT**
> 對我們家來説，吃鍋貼的
> 最佳蘸汁是薑絲紅醋。

做法

1 中火燒熱平底不沾鍋，下油，把餃子底部在鍋中排開，要保留空間以免煎好後黏住。

2 把餃子煎至底部金黃，（約 1 ~ 2 分鐘）。下沸水至浸過餃子一半左右，加蓋。繼續以中火煎至湯汁收乾或餃子熟透（約 7 ~ 8 分鐘）。如煎至水乾而餃子未熟的話，可酌量多加點沸水。

3 盛盤，伴以醬汁上桌。

煎蔬菜餃子

這些在唐人超市冰櫃內可以找到的餃子皮，雖然少了自家做的麵香和嚼勁，但對忙碌的煮人來說，可是恩物來著呢！但記得看清楚包裝上的材料內容，要只有麵粉和水的，不含奶蛋。

材料

市售冰凍純素餃子皮	1 包
素肉高麗菜餃子餡料	1 份

（素肉高麗菜餡料食譜 p.139）

清水	1 小碗
葵花油	適量

做法

1　餃子皮前一晚從冷凍庫中取出，放在冷藏室內退冰，餃子餡備用。

2　中指沾水塗遍餃子皮邊緣，在中間放上適量餡料，把兩邊的麵皮先捏緊，繼而前後推按成 S 型狀封口的餃子便成。

3　中火燒熱平底不沾鍋，下油，把要吃分量的餃子分次在鍋中排開，要保留空間以免煎好後黏著。

4　把餃子煎至底部金黃，約 1 ~ 2 分鐘。下沸水至浸過餃子一半左右，加蓋。繼續以中火煎至乾水或餃子熟透，約 6 ~ 8 分鐘。如煎至水乾而餃子未熟的話，可酌量多加點沸水。

5　依各人口味佐以辣椒蘸醬、薑絲紅醋、香菜芝麻香油等不同的沾料。

香菇栗子南瓜毛豆炊飯

材料（**4 人份**）

A 食材

胚芽米（或糙米）	2 杯
乾香菇	8 個
南瓜	500g
熟栗子	16 個
冷凍毛豆	100g
鹽	½ 小匙
葵花油	2 小匙

B 炊飯醬汁

葵花油	1 大匙
薑	2 片
水	6 大匙
糖	1 大匙
素蠔油	1 大匙
生抽（淡醬油）	1 大匙
老抽（陳年醬油）	1 大匙
麻油	1 小匙

做法

1. 乾香菇洗淨浸軟，切丁；南瓜去皮去籽，切丁；熟栗子每個切成 4 塊；冷凍毛豆退冰。

2. 胚芽米洗淨按包裝指示加水，把其餘食材加入拌勻，像平時煮飯一般煮至飯熟。

3. 煮飯期間製作炊飯醬油。中火熱小湯鍋下油，爆香薑片，下水煮沸，加入糖煮溶，加素蠔油、生油、老抽，轉小火把醬汁煮至稍稠，加下麻油拌勻，便成炊飯醬油。

4. 把炊飯挑鬆，盛進碗中，隨喜愛加上少許炊飯醬油（也可以不加）。

JANE'S POINT

- 滿碗的美味可即時享用，或待冷卻後放進容器冷藏，吃時再加熱即可。
- 想省時的話，可以使用真空包裝或冷凍的栗子。
- 栗子整顆看起來雖然比較好看，但切開後再與飯同煮，吃時會較香軟。

香栗扁豆飯

材料（2 ～ 3 人份）

胚芽米（或糙米）	1 杯
煮熟扁豆（lentil）	1 杯
熟栗子	1 杯
鹽	½ 小匙
葵花油	2 小匙

做法

1. 將熟栗子每個切成 4 塊。
2. 米洗淨按平常煮飯量加水，把其餘材料加入拌勻，按下煮飯鍵，煮至飯熟後，挑鬆即可。

椰奶飯

材料（2 人份）

印度長米	1 杯
椰奶	1 杯
水	1 杯
糖	½ 小匙
鹽	¼ 小匙

做法

把米洗淨，加入其餘材料拌勻，放入電子鍋（或電鍋）內，按下煮飯鍵，煮至飯熟後，挑鬆即可。

十穀豆飯

{ 混合豆可保存 5~7 天。冷凍 3~6 個月 }

材料（**2 - 3 人份**）

紅豆	½ 杯
綠豆	½ 杯
黑豆	½ 杯
薏仁	½ 杯
蓮子	½ 杯
絲苗米（在來米）	1 杯
黑茉莉香米	1 杯
黑糯米	1 杯
糙米	1 杯
燕麥片	2 大匙

做法

1. 把紅豆、綠豆、黑豆、薏仁、蓮子混合起來，洗淨用沸水一起浸泡 2 小時，換水後放進湯鍋，下水蓋過豆面約 4 公分左右，加蓋煮沸後用小火煮 2 小時，撈起瀝乾。

2. 待涼卻後分成 1 杯 1 份，用烘焙紙包裹密封冷藏或冷凍。

3. 電子鍋（或電鍋）中放進 1 杯混合米洗淨，下 1½ 杯水，加 1 杯煮熟混合豆，2 大匙燕麥片拌勻，按下煮飯鍵，煮好便成一鍋飽含蛋白質、纖維素和維生素的養生十穀豆飯。

🍴 JANE'S POINT 🍴

- 乾蓮子浸好後不要忘了把中間的蓮芯挑走，沖去黏液後才拿來使用，不然會帶有苦味。

- 煲十穀豆飯的水量可根據第一次煮過後的經驗，和隨個人喜歡米飯的軟硬度酌量加減。

- 若使用壓力鍋，可縮短煮豆時間。

栗香茄子素滷肉飯

材料 **（4 人份）**

A 食材

胚芽米飯... 適量	自製滷水（p.181）.........................適量
菜脯（蘿蔔乾）............................. 50g	青菜..隨意
薑茸.. 1 小匙	橄欖油..1 大匙
小紅辣椒..1 支	香菜..少許
茴香頭（或小型洋蔥）............................. ½ 個	**B 調味料**
水煮麵筋肉（p.019）............. 200g	鹽.. ½ 小匙
罐裝（或紙盒裝）黑豆............. 100g	生抽（淡醬油）............................. 1 小匙
（瀝乾後淨重）	料酒（米酒）................................. 1 大匙
罐裝鷹嘴豆（瀝乾後淨重）..... 100g	麻油.. 2 小匙
紅蘿蔔.. 150g	白胡椒粉....................................... ½ 小匙
茄子.. 200g	糖.. ½ 小匙
熟栗子（新鮮、冷凍或真空包裝）..... 150g	太白粉 1 大匙 + 水 1 大匙拌勻勾芡用
三色青椒....................................... 各 ¼ 個	

做法

1 胚芽米依需要份量煮成米飯。

2 菜脯（蘿蔔乾）洗淨後，泡約 30 分鐘至軟，紅辣椒去籽切絲。

3 茴香頭切小丁。素肉切成小塊。紅蘿蔔切小塊。茄子去皮，切成小塊。栗子切成粗粒、三色甜椒切小丁。

4 把素肉、黑豆、鷹嘴豆、紅蘿蔔、茄子放在大碗中拌勻，然後分兩次放進攪拌機內攪成素絞肉，倒出備用。

5 中火熱炒鍋下油，下茴香丁、薑茸、和紅辣椒絲爆香，加入三色青椒和和栗子炒軟，把素絞肉加進翻炒，下調味料炒勻，加滷水剛蓋過表面，大火煮滾後轉小火慢煮 10 分鐘，試味，如想滷汁濃稠點，可以勾個薄芡。

6 燉素絞肉期間用少許鹽油沸水汆燙青菜（p.095），瀝乾備用。

7 把煮好的飯分盛碗中，青菜排在碗沿，中間放進滷肉，下香菜，上桌。

雜豆飯

{ 混合豆可保存 5 ~7 天。 冷凍 3~6 個月 }

材料（**2 人份**）

紅腰豆（芸豆）	1 杯
白腰豆（芸豆）	1 杯
鷹嘴豆	1 杯
奶油豆	1 杯
糙米（或胚芽米）	1 杯

做法

1 把豆類混合在一起，洗淨後用沸水浸泡 2 小時，換水後把豆放進湯鍋，下水至蓋過豆面 4 公分左右，加蓋煮沸後，用小火煮 2 小時至熟，撈起瀝乾。

2 待涼卻後分成 1 杯 1 份，用烘焙紙包裹密封冷藏或冷凍，方便隨時從冰箱或冰庫取出使用。

3 電子鍋（或電鍋）內把米洗淨，按平常煮飯量加水，加入 1 杯煮熟的綜合豆類拌勻，按下煮飯鍵，煮至飯熟後，挑鬆即可。

♈ JANE'S POINT ♈

· 忙碌時，也可以用罐頭豆倒去水份，略沖洗後瀝乾使用。

· 若使用壓力鍋，可縮短煮豆時間。

酸辣蕎麥涼麵

材料（2~4 人份）

A 食材

蕎麥麵（或全素麵條）	150g
小黃瓜	1 條
紅蘿蔔	2 小條
烘香白芝麻	1 大匙
碎烤花生	1 大匙

B 酸辣醬

醬油（tamari）	2 大匙
米醋	2 大匙
麻油	2 大匙
糖	1 大匙
辣椒醬	1 大匙

做法

1 小黃瓜洗淨切絲，紅蘿蔔去皮切絲。

2 酸辣醬在碗中拌勻。

3 蕎麥麵根據包裝指示煮至剛熟，不要煮爛，保存口感，沖冷開水，瀝乾。

4 把麵放進大碗中，加入小黃瓜、紅蘿蔔。

5 盛盤，淋上醬汁，撒下芝麻花生即完成。

芝麻檸檬醬拌涼麵

材料（2~4 人份）

A 食材

全麥（或無麩質麵條）	115g
青花筍	200g
冷凍毛豆	200g
紅椒	1 個
小黃瓜	½ 條
小型紅蘿蔔	1 條
烘白芝麻	隨意
麻油	1 大匙

B 芝麻檸檬醬

中東芝麻醬（tahini）	4 大匙
橄欖油	2 大匙
鮮榨檸檬汁	2 大匙
法式芥末醬	2 小匙
龍舌蘭糖漿	1 大匙
鮮磨海鹽黑胡椒	隨意
新鮮香草	隨意
（如九層塔、薄荷葉、香菜、洋香菜等隨意）	
冷開水	2~4 大匙

做法

1. 冷凍毛豆退冰。紅椒、小黃瓜切丁。紅蘿蔔切成細絲、新鮮香草切細。

2. 中東芝麻醬 4 大匙，攪拌至滑溜。把芝麻檸檬醬料放進小玻璃瓶內，加蓋搖勻，用小匙取出少許試味，可隨個人口味酌量加鹽、黑椒、檸檬汁、糖漿或水等，倒進小碗中備用。

3. 湯鍋倒水煮沸，下少許鹽、油，加進青花筍、毛豆；水滾開便可關火，撈起瀝乾，放涼。

4. 麵條根據包裝指示煮至剛熟，不要煮爛，保存口感。沖冷開水，瀝乾，馬上加進大碗中，下麻油翻拌。把青花筍、毛豆和其餘蔬菜放入拌勻。

5. 將蔬菜涼麵分盛在盤子上，淋上芝麻檸檬醬，撒下烘白芝麻，上桌。

> **JANE'S POINT**
>
> 用不完的芝麻檸檬醬密封冷藏，可保存 1 星期。

碗裝料理

胚芽米飯烤地瓜鷹嘴豆蘑菇

A 食材

胚芽米（或糙米）............ 200g	素蠔油.................... l 小匙
地瓜........................ 300g	海鹽和鮮磨黑胡椒
球芽甘藍.................... 200g	橄欖油.............. 2～3 大匙
罐裝的鷹嘴豆 l 罐.......... 400g	**B 醬汁**
西班牙紅椒粉................ 2 小匙	醬油（tamari）............ l 大匙
蘑菇........................ 200g	麻油.................... 2 小匙
甜豆........................ 80g	香醋.................... l 大匙
蘆筍........................ 80g	龍舌蘭糖漿.............. l 大匙
甜長紅椒.................... l 支	

做法

1 地瓜洗擦乾淨，留皮，切成小方塊狀。 球芽甘藍剝掉較厚和帶苦的外層，切去較硬的底部，一切開二。

2 鷹嘴豆沖水瀝乾。 蘑菇稍微洗淨切厚片。甜豆去筋洗淨。

3 蘆筍折去較硬的底部。甜長紅椒去籽切環。

4 煮：糙米（或胚芽米）根據包裝指示下鍋煮飯。

5 烘：預熱烤箱至 200℃／390℉（fan 180℃），2 個烤盤上鋪烘焙紙，刷少許橄欖油。將地瓜，球芽甘藍放大碗中，下少許海鹽和鮮磨黑胡椒，橄欖油拌勻，放在鋪了烘焙紙的烤盤上排開。再取大碗，放進鷹嘴豆，下 1 大匙橄欖油、海鹽和鮮磨黑胡椒、西班牙紅椒粉拌勻。把兩烤盤同時放進烤箱內烤 20~30 分鐘，期間將地瓜，球芽甘藍翻轉一次，鷹嘴豆則每 10 分鐘翻或搖動一次。

6 燙：小湯鍋內下水，加少許鹽油，煮開後放進甜豆和蘆筍汆燙，開水再次沸騰前即可撈起，瀝乾。

7 炒：中火熱平底鍋，不用下油，加入蘑菇用乾鍋煎炒至兩邊金黃，下素蠔油少許拌炒兩下，盛起。

8 把煮好的飯分盛進大碗中，將烤好的鷹嘴豆、各蔬菜及生的紅甜椒排在飯上，淋上醬汁。

藜麥豆腐彩虹蔬菜

材料（4 人份）

A 食材

藜麥	250g	海鹽	少許
板豆腐（p.029）	400g	鮮磨黑胡椒	少許
青花筍	100g	橄欖油	2 ~ 3 大匙
四季豆	100g	**B 醬汁**	
西洋菜	100g	醬油（tamari）	4 大匙
小番茄	200g	味醂	4 大匙
黃椒	1 個	麻油	2 大匙
紫捲心菜	100g	有機龍舌蘭糖漿	2 大匙
芝麻葉	1 把	水	2 大匙

做法

1 青花筍刨去硬皮，斜切。四季豆去頭尾。西洋菜洗淨剪段。小番茄洗淨，剖半切開。

2 黃椒洗淨去籽切成環狀。紫捲心菜洗淨，切成短絲。芝麻葉洗淨備用。

3 煮：藜麥根據包裝指示煮熟後，用長木叉挑鬆。

4 烘：豆腐小心沖洗後用乾淨廚巾吸乾水份，切成 2 公分左右方塊。將醬汁分成 2 份，1 份放進中型碗中，把豆腐加入拌勻，醃 10 分鐘，另 1 份留起備用。預熱烤箱至 200℃／390℉（fan 180℃），烤盤上鋪烘焙紙，刷少許橄欖油。把醃好的豆腐放上排開，烤 20~30 分鐘至每邊金黃，期間翻轉2~3 次，並用刷子反覆刷上醬汁。

5 燙：小湯鍋內下水，加少許鹽和油，煮開後先放進四季豆汆燙至軟，再加入蘆筍和西洋菜，開水再次沸騰前即可全部撈起，瀝乾。

6 將豆腐醃汁和預先留起的一份醬汁以小火在小湯鍋中煮沸，關火倒進小碗中做醬汁。

7 把小番茄、紫捲心菜、黃椒和芝麻葉放進蔬菜脫水器中甩乾水份。

8 把煮好的藜麥分盛進大碗中，將豆腐和各種燙熟蔬菜及沙拉排在藜麥上，隨意淋上醬汁。

扁豆素肉丸及番茄扁豆素肉丸義大利麵

🍳 材料

A 扁豆肉丸（30 ~ 40 個）

茴香莖（或洋蔥 1 個）............................. ½ 個

煮熟胚芽米飯.. 2 杯

煮熟扁豆（lentil）... 1 杯

栗蘑菇.. 250g

燕麥片.. ½ 杯

營養酵母... 3 大匙

麵包糠.. 1½ 杯

水.. 2~3 大匙

橄欖油.. 1 大匙

B 扁豆肉丸調味料

醬油.. 2 大匙

番茄膏（tomato paste 濃縮番茄醬）1 大匙

黑醋醬（p.008）... 2 大匙

龍舌蘭糖漿... 1 大匙

料酒（米酒）... 1 大匙

市售香菇味粉 ½ 小匙或自製（p.004）

.... 1 大匙

新鮮百里香葉... 2 株

新鮮羅勒葉子... 1 小撮

🍴 做法

1　茴香莖切丁。栗蘑菇沖洗淨瀝乾，切丁。

2　一手抓住新鮮百里香頂部，另一手逆向並順著枝條往下拉，即可摘下小葉子。新鮮羅勒葉捲起切碎。

3　全麥麵包用烤麵包機烤過後，撕成小塊，放進攪拌機打成麵包糠。麵包糠倒進小碗中，加水 2~3 大匙拌成泥。

4　燕麥片放進食物調理機（food processor）中打碎就可，不要打成粉狀，倒出。

5　中火熱炒鍋，不用放油，放入蘑菇丁炒乾，盛起。

6　原鍋下油 1 大匙，加入茴香丁炒軟。

7　預熱烤箱至 200℃／390℉（fan 180℃）。兩個烤盤上放烘焙紙，刷上少許橄欖油（份量外）。

8　取一大碗，把麵包糠泥、燕麥片碎、茴香丁、蘑菇粒、胚芽米飯、扁豆、營養酵母、百里香、羅勒，再放入肉丸調味料，用大匙全部拌勻。

9　搓成大小均勻的肉丸，分別排放在兩個烤盤上，置烤箱內烤 30~35 分鐘至每面金黃和定型，小心翻面 1~2 次。

番茄扁豆素肉丸義大利麵

🍳 材料（**4 人份**）

A 食材

義大利麵	250g
橄欖油	
海鹽	
鮮磨黑胡椒	
罐裝碎番茄	400g
罐裝玉米	200g
新鮮百里香菜	2 株
新鮮羅勒葉子	I 小撮

B 醬汁調味料

料酒（米酒）	I 大匙
黑醋醬	I 大匙
半罐水	
糖	I 大匙
海鹽	隨意
黑胡椒	隨意

🍴 做法

1 義大利麵放進加了少許橄欖油的沸水中，煮至剛軟，倒起瀝乾。

2 把義麵放回湯鍋，加入少許橄欖油、海鹽和鮮磨黑胡椒拌勻，備用。

3 小鍋子中放進罐裝碎粒番茄和半罐玉米粒；加少許百里香葉和切碎羅勒、然後放入醬汁調味料，拌勻煮滾後用小火，再慢煮數分鐘至濃稠成番茄醬，試味，關火。

4 把義麵分盛進大碗中，放上番茄醬及肉丸，再淋些番茄醬在肉丸上，會更多汁美味（拍照時為了要讓大家看清楚，沒用醬汁把肉丸蓋著）。撒上切碎羅勒，上桌。

華爾道夫沙拉

材料（**4 人份**）

A 食材

紅蘋果	3 個
蘿蔓生菜（Romaine heart lettuce）	1~2 棵
紅葡萄	100g
青葡萄	100g
烤香胡桃（pecan）核桃（walnut）	各 60g
麵包	4 塊

B 檸檬美乃滋沙拉醬

純素美乃滋	½ 杯
檸檬汁	1 大匙
楓糖漿	1 大匙

做法

1 紅蘋果洗淨去芯（也可以去皮），切成 1 公分左右的小丁。

2 挑選細小而青嫩的蘿蔓生菜，洗淨後剝開（也可切斷）。

3 胡桃和核桃放入烤箱中烤香。

4 把檸檬美乃滋沙拉醬的材料放進一個乾淨小瓶子內，加蓋用力上下搖勻成沙拉醬油，備用。

5 麵包用烤麵包機烤過後，塗上不含反式脂肪的植物奶油，剪成小方塊。

6 蘿蔓生菜和葡萄洗淨後，放進蔬菜脫水器中甩乾水份。

7 把蘿蔓生菜圍鋪在大碗中，上放蘋果、葡萄、胡桃和核桃粒、烤麵包丁，吃時淋上檸檬美乃滋沙拉醬。

烤地瓜藜麥黑豆沙拉

材料（**4 人份**）

A 食材

藜麥	250g
地瓜	400g
黑豆 1 罐	400g
紅、黃椒	各 ½ 個
櫻桃番茄	200g
混合沙拉菜	150g
芝麻葉	1 大把
橄欖油	1 大匙
海鹽	適量
鮮磨黑胡椒	適量

B 青檸楓糖沙拉醬油

青檸汁	3 大匙
橄欖油	3 大匙
楓糖漿（隨個人口味）	1~2 大匙
全籽黃芥末	1 大匙

做法

1 地瓜洗淨留皮，切成小方塊狀。罐裝黑豆沖淨瀝乾。紅、黃椒去籽，切成短條。

2 把青檸楓糖沙拉醬油的部材料放進一個乾淨小瓶子內，加蓋用力上下搖勻成沙拉醬油，備用。

3 煮：藜麥根據包裝指示煮熟後，用長木叉挑鬆。

4 烤：預熱烤箱至 200℃／390℉（fan 180℃）。烤盤上鋪烘焙紙，上刷少許橄欖油。將地瓜塊放進大碗中，加橄欖油 1 大匙、海鹽和鮮磨黑胡椒適量，然後攪拌均勻，單層排開在烤盤上，置烤箱內烤 25~30 分鐘至地瓜每面金黃。取出備用。

5 把黑豆、番茄和所有蔬菜沙拉葉放進蔬菜脫水器中甩乾水份。

6 取一大碗，把煮熟的藜麥、烤好的地瓜、甩乾水份的黑豆、番茄和蔬菜沙拉全部拌勻，吃時才盛盤，並淋上青檸楓糖沙拉醬。

烤綠花筍白花椰鷹嘴豆沙拉

材料（**4 人份**）

A 食材

白花椰	200g
綠花筍	200g
罐裝鷹嘴豆	400g（１罐）
鈕扣蘑菇	200g
混合顏色小番茄	200g
沙拉菜葉	隨意
橄欖油	１大匙
海鹽	適量

鮮磨黑胡椒	適量
烤混合堅果	

B 芝麻醬檸檬沙拉醬

中東芝麻醬（tahini）	2 大匙
檸檬汁	2 大匙
楓糖漿	１大匙

做法

1 白花椰切成小朵，綠花筍刨去硬皮並切去底部，再斜切成小段。

2 罐裝鷹嘴豆沖淨瀝乾，用乾布拭去水份。

3 混合堅果烘烤至香後，切碎備用。

4 把全部芝麻醬檸檬沙拉醬汁的材料放進一個乾淨小瓶子內，加蓋用力上下搖勻，然後攪拌一下成沙拉醬油，備用。

5 預熱烤箱至 220℃／420℉（fan 200℃）。烤盤上鋪烘焙紙，上刷少許橄欖油（份量外）。

6 將白花椰、綠花筍、鷹嘴豆和蘑菇放進大碗內，加入橄欖油、適量的海鹽和鮮磨黑胡椒，拌勻，在烤盤上排開，放進烤箱內烤 10 ~ 15 分鐘左右至菜呈微焦狀後，取出放涼。

7 大碗中把小番茄、沙拉菜葉和烤菜一起拌勻，吃時淋上沙拉醬及混合堅果碎。

烤玉米羽衣甘藍什錦豆沙拉

材料（**4 人份**）

A 食材

冷凍什錦豆（如黑豆、紅腰豆、芸豆等）
.... 共 250g

冷凍毛豆 100g

罐裝玉米 200g

羽衣甘藍 100g

酪梨 .... 2 個

切碎烤堅果 .... 隨意

海鹽 .... 適量

鮮磨黑胡椒 .... 適量

B 楓糖芥末香醋沙拉醬

義大利白香醋 .... 2 大匙

椰欖油 .... 2 大匙

法式第戎芥末醬 .... 1 大匙

楓糖漿 .... 1 大匙

做法

1 羽衣甘藍洗淨後切去根部，把葉子從莖上剝下，切碎（莖部不要）。

2 把楓糖芥末香醋沙拉醬的材料放進一個乾淨小瓶子內，加蓋用力上下搖勻成沙拉醬油，備用。

3 預熱烤箱至 220℃／420℉（fan 200℃）。烤盤上鋪烘焙紙，上刷少許橄欖油（份量外）。

4 把羽衣甘藍和玉米放進大碗中，加入橄欖油、海鹽和鮮磨黑胡椒，拌勻，倒進烤盤上撥開攤平，烤 10 ~ 15 分鐘至玉米和羽衣甘藍表面呈微焦。

5 將什錦豆和毛豆加水放進小鍋中煮沸後，用小火續煮 1~2 分鐘至剛軟熟便即離火瀝乾。

6 取一大碗或大盤，把羽衣甘藍、玉米、雜豆和毛豆放入拌勻。吃時加進切成小方塊酪梨，淋上楓糖芥末香醋沙拉醬，撒一把烤堅果。

辣味白花椰扁豆地瓜沙拉

材料（**4 人份**）

A 食材

地瓜	400g
白花椰	200g
熟扁豆（可用冷凍、罐裝或自煮的）	200g
葡萄乾	60g
嫩菠菜葉、嫩西洋菜葉（或豆苗）	大把
薑黃粉	2 小匙

小茴香粉（ground cumin）	I 小匙
海鹽和鮮磨黑胡椒	適量

B 椰奶優格香醋沙拉醬

椰奶優格	2 大匙
橄欖油	2 大匙
義大利白香醋	I 大匙
楓樹或龍舌蘭糖漿	I 大匙

做法

1. 地瓜，洗擦乾淨，留皮，切成小方塊狀。白花椰切成小朵。葡萄乾 60g，用溫水泡 5~10 分鐘至軟，瀝乾。葡萄乾放入溫水中泡 5~10 分鐘至軟，瀝乾備用。

2. 把椰奶優格香醋沙拉醬的全部材料放進一個乾淨小瓶子內，加蓋用力上下搖勻成沙拉醬，備用。

3. 預熱烤箱至 220℃／420℉（fan 200℃）。烤盤上放烘焙紙，上刷少許橄欖油（份量外）。

4. 把地瓜和白花椰放進大碗中，加入橄欖油、薑黃粉、小茴香粉、海鹽和鮮磨黑胡椒，拌勻，倒進烤盤上撥開攤平，烤 10 ~ 15 分鐘至地瓜和白花椰表面呈微焦和軟熟，取出。

5. 如用冷凍扁豆的話，小鍋子加水放進扁豆煮沸後馬上離火，倒出瀝乾。如用罐裝的話，倒出用冷開水沖洗一下，瀝乾。

6. 取一大碗或大盤，將烤好的地瓜和白花椰、瀝乾的扁豆、泡軟的葡萄乾、嫩菠菜葉、嫩西洋菜葉或豆苗放入拌勻，吃時淋上椰奶優格香醋沙拉醬。

豆汁蘑菇醬寬義麵

{ 密封冷藏可保存 3 ~ 4 天 | 冷凍可保存 3 個月 }

材料（**4 人份**）

A 食材

寬義麵	250g
不含反式脂肪植物奶油	1 大匙
茴香頭	1 個
白蘑菇（或栗蘑菇）	500g
白豆（cannellini beans）	400g（1 罐）
植物奶	200ml
營養酵母片	3 大匙

B 調味料

白酒	1 大匙
醬油	1 大匙
全素高湯（p. 007）	100 ~ 150 ml
現磨肉豆寇	少許
（也可以用樽裝肉豆寇粉）	
海鹽	少許
鮮磨黑胡椒	少許
橄欖油	2 大匙
羅勒葉	1 大撮
烤松子	適量
芝麻葉	隨意

做法

1. 茴香頭切成丁。白蘑菇洗淨瀝乾，用乾布吸乾水份，切成厚片。白豆沖水瀝乾。羅勒葉切碎備用。

2. 用湯鍋把水煮開，加少許鹽和油。寬義麵根據包裝指示煮好，瀝乾，放回湯鍋中，加進 1 大匙植物奶油、1 大匙橄欖油、海鹽少許和適量鮮磨黑胡椒拌勻。

3. 把白豆、植物奶及營養酵母放進攪拌機（blender）內攪成漿液。

4. 中火燒熱炒鍋，下油 1 大匙，加進茴香丁炒至香軟，約 2 ~ 3 分鐘。下蘑菇和酒略炒，加入醬油和白豆漿液拌勻，下肉豆寇粉、海鹽和鮮磨黑胡椒，視醬汁濃稠度決定下多少高湯。

5. 用中火煮開後轉小火煮 1~2 分鐘，試味，離火，下羅勒葉拌勻。

6. 把寬義麵分盛盤子上，用大湯杓舀下白豆汁磨菇醬，撒下烤松子。喜歡的話，上桌前在義麵上放一大把芝麻葉。

扁豆蘑菇義大利麵

🍳 材料（**4 人份**）

A 食材

義大利麵	300g
不含反式脂肪植物奶油	1 大匙
蘑菇	500g
罐裝扁豆（lentil）	400g（2 罐）
茴香頭	1 個
有機紅蘿蔔	300g
西芹	2 株
茄子	400g
三色青椒（紅黃綠）	各 ½ 個
罐裝碎番茄	400g（2 罐）

B 調味料

紅酒	2 大匙

乾燥義大利式香草	½ 小匙
醬油	1 大匙
有機蔬菜高湯塊	½ 塊
義大利黑香醋（或自製黑醋醬）（p.008）	2 大匙
番茄膏（tomato purée）	2 大匙
紅糖	2 大匙
海鹽	少許
鮮磨黑胡椒	少許
橄欖油	2 大匙
羅勒葉	1 大撮切碎
太白粉（或玉米粉）1 大匙 + 水 1 大匙拌勻	
營養酵母片	隨意

🍴 做法

1　蘑菇洗淨瀝乾，用乾布吸乾水份，切成小丁。倒出罐裝扁豆沖洗瀝乾。茴香頭、紅蘿蔔、西芹、茄子及三色青椒全部切成小丁備用。

2　中火熱炒鍋，乾鍋放入蘑菇炒去水份，盛起。原鍋擦乾淨下油 1 大匙，加進茴香丁炒至香軟，約 2～3 分鐘。

3　加入紅蘿蔔、西芹、茄子、三色椒翻炒一下，加入調味料炒至香軟；加進罐裝碎番茄 2 罐和 ¾ 空罐水，拌勻煮沸後，加蓋用小火慢煮 30 分鐘至茄子軟透。

4　加入扁豆和蘑菇，用大火煮開後，轉小火續煮，試味。視醬汁的濃稠度加進太白粉水調整，離火，下羅勒葉拌勻。

5　煮醬期間取一湯鍋把水煮開，加少許鹽油，義麵根據包裝指示煮好，瀝乾，放回湯鍋中，加進 1 大匙不含反式脂肪植物奶油，1 大匙橄欖油，海鹽少許，鮮磨黑胡椒適量拌勻。

6　把義麵分盛盤子上，用大湯杓舀下扁豆蘑菇醬，放羅勒葉，隨各人喜愛撒上營養酵母。

扁豆蘑菇農舍派

A 食材

馬鈴薯	1700g	蘑菇	400g
不含反式脂肪植物奶油	2 大匙	茴香頭	1 個
植物奶	½ 杯	有機紅蘿蔔	300g
英式芥末	1 大匙	西芹	2 株

茄子	400g	蔬菜高湯塊	½ 塊	

茄子 400g

紅椒 .... 1 個

罐裝扁豆（lentil）.......... 400g（2 罐）

罐裝碎番茄 .... 2 罐

嫩菠菜葉 250g

橄欖油 .... 2 大匙

B 調味料

紅酒 .... 2 大匙

乾躁義大利式香草 .... ½ 小匙

醬油 .... 1 大匙

蔬菜高湯塊 .... ½ 塊

義大利黑香醋（或自製黑醋醬）（p.008）

.... 1 大匙

紅糖 .... 1 大匙

海鹽 .... 少許

鮮磨黑胡椒 .... 少許

 工具

一大兩小的深邊派盤

做法

1　蘑菇洗淨瀝乾，用乾布吸乾水份，切成丁。茴香頭、紅蘿蔔、西芹、茄子、紅椒皆切丁備用。倒出罐裝扁豆沖洗瀝乾。

2　馬鈴薯去皮洗淨，切成小薄塊，放進湯鍋，下水淹過薯塊表面 2 公分左右，加蓋煮滾後，轉小火煮 15 ~ 20 分鐘至完全軟熟，倒在大篩網上瀝乾水份，然後倒回湯鍋，加入植物奶油、植物奶、芥末、海鹽和鮮磨黑胡椒，先用大匙拌勻，再用手持壓泥器把馬鈴薯壓成滑溜無粒的薯泥。

3　煮馬鈴薯期間，中火熱炒鍋，把蘑菇用乾鍋炒去水份，盛起。原鍋擦乾淨下油 1 大匙，加進茴香丁炒至香軟，約 2 ~ 3 分鐘。

4　加入紅蘿蔔、西芹、茄子、紅椒翻炒，下調味料一起炒至香軟；加進罐裝碎番茄 2 罐和 ½ 罐水（可用煮馬鈴薯的水），拌勻煮沸後加蓋用小火慢煮30 分鐘至茄子軟透。

5　加入蘑菇和扁豆，用大火煮開後，轉小火煮熟，試味，分次加進菠菜用筷子拌入煮軟。視醬汁的濃稠度加進太白粉水調整至滿意的濃度（喜愛多汁的可以不用調整），煮開，離火。

6　預熱烤箱至 200℃／390℉（fan 180℃），三個派盤薄薄地刷上一層油。

7　把餡料分別放進三個烤盤底部，用大匙按壓緊實每個邊緣角落，然後把薯泥分別鋪在餡料上，用匙底打圈或用叉子劃喜歡的紋路形。放進烤箱烤 30分鐘。

英式蔬菜派

材料（**4 人份**）

A 食材

中筋麵粉	250g
雞蛋代用粉	2 小匙
冷水	2 大匙
不含反式脂肪植物奶油	125g
茴香頭	1 個
馬鈴薯	500g
南瓜	250g
有機紅蘿蔔	300g
茄子	300g
中型櫛瓜	2 條
蘑菇	500g
三色青椒	各 ½ 個
植物奶（塗派皮用）	少許

B 調味料

紅酒	2 大匙
蔬菜高湯精塊	½ 塊
（或自製蔬菜高湯調味醬）（p.007）	2 大匙
醬油	1 大匙
新鮮百里香和迷迭香葉	各 4 株
海鹽和鮮磨黑胡椒	各少許
橄欖油	2 大匙
水	200 ml
麵粉	2 大匙
鹽	1 小撮

工具

長方形深邊派盤 1 個

做法

1 雞蛋代用粉以 2 大匙冷水拌勻。茴香頭切丁。蘑菇洗淨瀝乾，用乾布吸乾水份，切丁備用。

2 將麵粉、不含反式脂肪植物奶油和 1 小撮鹽放進攪拌機（blender）內打成麵包糠。保存機器轉動，加入雞蛋代用粉溶液，一起攪拌至混合物開始形成大塊，在混合物形成球之前停止機器。

3 將粉糰拿出放在撒了少許麵粉的桌上，稍微揉搓成長圓型的麵糰（不要過份推揉），用保鮮膜包裹冷藏過夜（或至少 2 小時）。

4 麵糰冷藏期間炒蔬菜餡料。把蔬菜去皮、去籽等處理好後，洗淨切成大小相約 2 公分左右的方塊。中火熱炒鍋，乾鍋下蘑菇炒去水份，盛起。原鍋擦乾淨下油 1 大匙，加進茴香丁炒至香軟，約 2 ~ 3 分鐘。

5 加入全部蔬菜（除了蘑菇）和香草翻炒一會，下調味料一起炒至香軟，約 7 分鐘，加進麵粉拌勻，加水煮沸後轉小火慢煮 5 分鐘至蔬菜軟熟，調整汁液濃稠適度，試味，離火。如果不需要即時做派的話，餡料完全放涼後放冰箱密封冷藏。

6 到要做派時，預熱烤箱至 200℃／390℉（fan 180℃）。桌上撒粉，擀麵棍塗粉，將麵糰推壓成 5 公分厚度和面積能蓋過烤盤大小還有餘邊的一張麵皮。

7 將餡料取出倒進派盤內撥平，擀麵棍小心捲起麵皮，輕輕覆蓋在派盤上方，用刀沿邊切去多餘麵皮，把邊沿按下封口。

8 用叉子尾部沿烤盤邊壓下形成圖案紋。派中間切開小十字型開口，稍後讓蒸汽放出，替派皮掃上一層植物奶。

9 把派送進烤箱內烤 35 ~ 45 分鐘至派皮金黃香脆，汁液沸起。上桌時佐以薯泥、沙拉或豌豆仁等。

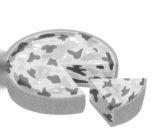

PART 7

滷水菜

那天我家先生跟我說，自從吃素後，一直想念以前的滷水菜滋味，他說並不是想吃滷味中的食材，而是很想吃以滷水做出來的味道。

經他提議，馬上給了我靈感。雖然小時候很愛吃街頭或燒臘店賣的滷水食品，但長大後覺得滷水越久越美味的觀點和習慣讓我感到憂心。後來讀到有研究指出肉類在滷水長時間反覆加熱烹調，會產生致癌的膽固醇氧化產物，增加了罹癌及心臟病的風險。為此，我也許久沒在外面買過滷水菜了。

滷水的主料是醬油與各式香料，製成後再放入各類耐煮的食材，讓食材吸收滷水豐富的味道，簡單美味，非常適合做為常備菜。

接著介紹的滷水食譜簡單健康，讓忙碌的現代人、年輕人或住在國外不易買到傳統中國滷水材料的朋友，都能輕鬆在家自己動手做滷菜。滷水成分中主要的八角、花椒、小茴香、丁香及桂皮，便是五香粉中的五種香料，根據不同比例，研磨成極細的粉末而成，幾乎是每個家庭必備的調味料之一。所以隨時隨地只要想吃滷菜，都可以方便進行。

做好一鍋滷水汁，可以加入任何煮後不易變形的食物，加蓋煮滾後，再用小火煮一會，關火浸泡 30 分鐘後盛起，待涼放進冰箱冷藏便可以了。隔天吃會更加入味。

一鍋滷水汁放置冰箱冷藏可保存一星期左右，除了用來滷各種不同食材外，還可以下飯、下麵，撈麵、做上湯等，為不同的菜色添加甘香美味。

五香滷水汁

材料

水	1000ml
薑	4 片
八角	2 粒
五香粉	2 小匙
肉桂粉	1 小匙
冰糖	60g
米酒	1 大匙
鹽	1 小匙
白胡椒粉	½ 小匙
香菇味粉（p.004）	1 大匙
自製素蠔油（p.009）	1 大匙
生抽（淡醬油）	3 大匙
老抽（陳年醬油）	1 大匙
麻油	1 大匙

做法

1 八角洗淨備用。

2 把所有材料放進大鍋中，加蓋煮滾後轉小火煮 30 分鐘，以濾網過濾湯汁至另一鍋中，滷水便完成了。

♀ JANE'S POINT ♀

滷水放置冰箱內可保存 1 星期。沒用完的滷水，第 3～4 天後取出煮沸一次，待完全放涼後才放回冰箱存放。

滷水杏鮑菇

{ 密封冷藏約可保存 3~4 天 }

◎ 材料

杏鮑菇... 6 個

🍴 做法

1 杏鮑菇洗淨，瀝乾水分。

2 把杏鮑菇放進滷水鍋內，加蓋煮滾後，轉
  小火燜煮 10 分鐘。關火浸泡 30 分鐘。

3 吃時切片，然後淋上煮沸過的滷水汁。

> **🍴 JANE'S POINT 🍴**
>
> 可即時食用或盛起待涼後放進
> 冰箱內存放。吃時冷熱皆宜。

滷水栗子 { 密封冷藏約可保存 3~4 天 }

◎ 材料

新鮮（或冷凍）栗子 250g

🍴 做法

1 栗子剝好（或退冰），用清水略沖，瀝
  乾水分後放進滷水鍋內。

2 加蓋煮滾後，轉小火續燜煮至熟軟而
  不爛（新鮮栗子約 30 分鐘，冷凍栗子
  10~15 分鐘）。之後關火浸泡 30 分鐘。
  可即時食用或盛起待涼後放進冰箱內存
  放。

3 吃時冷熱皆宜，建議淋上煮沸過的滷水
  汁。

> **🍴 JANE'S POINT 🍴** 可即時食用或盛起待涼後放進冰箱內存放。吃時冷熱皆宜。

滷水花生

{ 密封冷藏約可保存 3~4 天 }

🍳 材料

乾花生... 250g

🍴 做法

1 花生洗淨用暖水浸泡 4 小時或至軟。

2 花生瀝乾後放進滷水鍋內，加蓋煮滾，
  轉小火燜煮 1 小時。關火浸泡 30 分鐘。

3 吃時冷熱皆宜，建議淋上煮沸過的滷水
  汁。

> 🍴 **JANE'S POINT** 🍴
>
> 可即時食用或盛起待涼後放進
> 冰箱內存放。吃時冷熱皆宜。

滷水蓮藕 { 密封冷藏約可保存 3~4 天 }

🍳 材料

蓮藕... 1~2 節

🍴 做法

1 蓮藕刨皮洗淨抹乾後切粗片。

2 放進滷水鍋內，加蓋煮滾後，轉小火燜
  煮 10 分鐘。關火浸泡 30 分鐘。

3 吃時冷熱皆宜，建議淋上煮沸過的滷水
  汁。

🍴 **JANE'S POINT** 🍴 可即時食用或盛起待涼後放進冰箱內存放。吃時冷熱皆宜。

滷水小芋頭

{ 密封冷藏約可保存 3~4 天 }

 材料

小芋頭（芋艿）.. 約 500g

🍴🍴🍴 做法

1 小芋頭去皮洗淨，瀝乾後放進滷水鍋內，

2 加蓋煮滾後，轉小火燜煮 20 分鐘。關火浸泡 30 分鐘。

3 吃時冷熱皆宜，建議淋上煮沸過的滷水汁。

> 🍴 **JANE'S POINT** 🍴
>
> 可即時食用或盛起待涼後放進冰箱內存放。吃時冷熱皆宜。

滷水豆腐 { 密封冷藏約可保存 3~4 天 }

🍳 材料

板豆腐（中等硬度）....................................... 400g

🍴🍴🍴 做法

1 豆腐小心沖洗後包裹兩層廚房紙巾，放在盤子上，然後覆蓋上另一隻盤子，以重量加壓（如書本或平底鍋）30 分鐘，把水份壓出。

2 豆腐切成小方塊放進滷水鍋內，加蓋煮滾後，轉小火燜煮 5 分鐘 。關火浸泡 30 分鐘。

3 吃時建議淋上煮沸過的滷水汁。

> 🍴 **JANE'S POINT** 🍴　可即時食用或盛起待涼後放進冰箱內存放。吃時冷熱皆宜。

滷水油麵筋

{ 密封冷藏約可保存 3~4 天 }

（材料（**2～4 人份**）

自製氣炸油麵筋（p.024）...................... 8 個

（做法

1 把滷水汁煮沸，用小火燉著。

2 自製的氣炸油麵筋因為乾淨不油膩所以不用燙過。每個用筷子穿一個小洞，便可以直接放進滷水汁內，煮滾後逐個按扁，加蓋後轉小火燜煮 30 分鐘。關火浸泡 30 分鐘。

3 吃時可將油麵筋剪成條狀、開二或開四，吃時冷熱皆宜，一口一小塊，浸泡飽滿滷汁的滷水氣炸油麵筋。

PART 8

湯品

每次上川菜館子，我總會點上一碗酸辣湯。茹素後，更喜歡在家自己做，料理起來不但簡單容易，成品又豐富美味，絕對能吃得安心滿足。

做這食譜時，當時家中只有中等硬度的豆腐，所以便就地取材。如果你愛絹豆腐的軟滑口感，選用適合自己口味的豆腐也可以。

酸辣湯

🍳 材料（**4 人份**）

A 食材

市售（或自製）板豆腐（p.029）	200g
黑木耳	1 朵
乾香菇	3 朵
紅蘿蔔	½ 條
筍片	60g
薑	4 片
橄欖油	1 大匙
香菜	隨意

B 調味料

鹽	1 小匙
醬油	1 大匙
白胡椒粉	½ 小匙
糖	1~2 小匙（視個人口味）
麻油	2 小匙
米酒	1 大匙
黑醋	3 大匙
白醋	2 大匙
豆瓣醬	2~3 大匙（視個人口味）
水	2000ml
素蠔油	1 大匙
太白粉	2 大匙
冷水	2 大匙

🍴 做法

1. 乾香菇洗淨泡軟後切成絲，把泡香菇的水留下。紅蘿蔔去皮切絲。筍片切成絲。

2. 板豆腐稍加沖洗後，用乾淨廚布或廚房紙巾拭乾，切片後，再切成絲。

3. 薑切成絲後，再切成細末。

4. 太白粉加入冷水 2 大匙，拌勻備用。

5. 中火熱湯鍋下油，放入薑末輕炒，加入木耳、香菇、筍絲、紅蘿蔔絲拌炒一會；下鹽、醬油、胡椒粉、糖、麻油和酒，炒香至軟。倒入黑醋、白醋、素蠔油和豆瓣醬，加入水滾開後，轉小火，繼續煮 10 分鐘。

6. 放入豆腐，用筷子輕輕撥開，轉大火，分次加入太白粉水，不斷輕拌，至濃稠適度。待湯滾開後，試味，撒上香菜。

海帶芽豆腐味噌湯

海帶芽又名裙帶菜，為海帶目的一種溫帶性海藻。裙帶菜、海帶、紫菜是人們常食用的三大海藻，其中，裙帶菜含有的營養物質最豐富，可提高人體的免疫功能，促進脂肪代謝、是抗細胞癌變的天然食品，對預防糖尿病、心血管疾病等也具有一定的作用。

材料（2～4 人份）

A 食材

絹豆腐	1 盒（約 350g）
乾海帶芽	1 大匙
白味噌	1½ 大匙
四季豆（或中國芹菜）	100g
水	1000 ml

B 調味料

鹽	½ 小匙
有機蔬高湯精	1 塊
白胡椒粉	½ 小匙
麻油	1 小匙
糖	1 小匙

做法

1 豆腐切成小方塊。乾海帶芽以熱水泡軟，沖洗乾淨，瀝乾備用。四季豆切小粒，用沸水汆燙至軟，撈起備用。

2 湯鍋注水 1000 ml，下味噌及調味料拌勻煮開，下豆腐和海帶芽一起煮沸，試味，放上四季豆粒。

四神湯

中醫將藥膳分為溫補、平補及清補（涼補）三種；體質虛寒則溫補，不虛則平補，燥熱則清補。

四神湯就是最佳的平補藥膳之一。四神湯原名四臣湯，由淮山、蓮子、芡實與茯苓四味組成。現在有很多人以薏仁來取代茯苓，可使湯品的性味更為平和。淮山補脾胃、益肺滋腎；蓮子益腎補脾；芡實健脾補腎；薏仁祛濕、健脾清熱。這道湯品全年四季、老少皆宜。

材料（**4 人份**）

蓮子	30g	桂圓（龍眼乾）	30g
栗子（冷凍亦可）	20 粒	蜜棗	4 粒
淮山	30g	薑	3 片
芡實	30g	水	3000ml
薏仁	30g	鹽	少許

做法

1. 蓮子洗淨，用熱開水浸泡 30 分鐘，查看每粒蓮子並取出綠色蓮芯，一一沖洗乾淨，以免會有苦味。

2. 洗淨其餘材料，放入溫開水中浸泡 30 分鐘，瀝乾。

3. 把全部材料和水放入湯鍋中，大火滾開後，轉中火煲 30 分鐘，再改以小火煲 1 小時 30 分鐘。放入鹽少許調味。

山藥紅蘿蔔無花果核桃湯

山藥是薯蕷的根莖，每年霜降後採挖，曬乾或烘乾後，切片而成淮山。中醫認為山藥具有補腎健脾的作用，是食療中的佳品。腎為先天之本，負責遺傳和生育，而脾則是後天之本，負責消化吸收，是人體營養來源的保障。因此，乾燥的山藥是中醫常用的藥材之一，而新鮮山藥可拿來炒菜或煲湯之用，用途廣泛。

此湯健脾開胃，幫助消化，適合男女老少四季飲用。

材料（**4 人份**）

山藥（新鮮淮山）	1 條
紅蘿蔔	2~3 條
有機乾無花果	6 個
蜜棗	3 粒
核桃	50g
栗子（冷凍亦可）	20 粒
薑	3 片
水	3000ml
海鹽	少許

做法

1. 山藥去皮斜切成厚片，放入清水中浸泡備用。

2. 紅蘿蔔洗淨去皮切成大塊（如果是有機的話可以留皮）。無花果和蜜棗沖洗一下，用溫開水浸泡 10 分鐘，瀝乾。

3. 把所有材料放進湯鍋內，加水以大火煮沸後，轉 中火煮 30 分鐘，再改用小火煲 1 小時 30 分鐘，放入少許海鹽調味。

♦ JANE'S POINT ♦

- 處理山藥時，請小心黏液會讓皮膚搔癢，建議戴上手套。如不小心發生過敏情況，可用棉花沾些白醋或酒塗抹在患處止癢。
- 為避免切開後的山藥氧化變色，可直接放在冷水中浸泡或在切成需要的形狀後，放入滾水裡汆燙一下。

花旗蔘茨實枸杞桂圓湯

花旗蔘又稱西洋蔘，補氣養陰、清熱降火、生津止渴，最重要是補而不燥，沒有副作用，即使是炎炎夏季也可放心享用。再加入了補腎健脾的茨實、枸杞、桂圓及蜜棗等滋潤平和的百搭湯料煲成，是男女老少，四季皆宜的保健佳品。

特別適合正在應付繁忙課業與考試的青少年，有助於調節體內分泌，增強免疫功能。

材料（**4 人份**）

花旗蔘	40g
枸杞	30g
茨實	40g
桂圓（龍眼乾）	30g
蜜棗	4 粒
水	3000ml
海鹽	少許

做法

1. 材料洗淨後，除了花旗蔘外，其餘用溫開水蓋過浸泡 15 分鐘，沖洗瀝乾。

2. 把所有材料放進湯鍋內，加水後，用大火煮沸，轉中火煮 30 分鐘，再改以小火煲 1 小時 30 分鐘，放入少許海鹽調味。

蓮藕花生眉豆蜜棗枸杞湯

蓮藕是蓮花生長在地下或水中的根莖，清熱解渴，養胃滋陰。夏天產的藕吃起來較脆，秋藕則口感較為鬆軟。眉豆又稱米豆、芸豆或黑眼豆，理中益氣，補腎健胃。花生健脾和胃、潤肺化痰、益氣補腎。枸杞補腎明目，養血安神。

這道湯品全年四季，老少佳宜。

材料（**4 人份**）

蓮藕	約 650g
紅蘿蔔	2 條
花生	50g
眉豆	50g
枸杞	20g
陳皮	1 片
生薑	3 片
蜜棗	4 粒
水	3000ml
鹽	少許

做法

1. 蓮藕洗淨刮皮，去除中間的節部份，切成片。紅蘿蔔洗淨去皮切成大塊（如果是有機的話，不妨留皮）。花生、眉豆洗淨，以熱開水浸泡 30 分鐘。

2. 蜜棗、枸杞、陳皮略沖洗，以溫開水浸泡 15 分鐘，刮去陳皮白色部分的內瓤。

3. 將所有材料放入湯鍋中，大火煲滾後，轉中火煮 30 分鐘，再改用小火煲 1 小時 30 分鐘，下少許鹽調味。

銀耳雪梨南北杏無花果湯

銀耳（白木耳）滋陰、潤肺。雪梨生津潤燥、清熱化痰。無花果潤肺止咳、清熱潤腸。南杏潤肺平喘、北杏驅痰止咳。

這道湯特別適合在乾燥易咳的秋季飲用。

材料（4 人份）

銀耳	1 朵（約 4 g）
雪梨	4 個
有機乾無花果	6 個
南杏	10 g
北杏	10 g
蜜棗	4 粒
玉米	2 條
水	3000ml
鹽	少許

做法

1 雪梨洗淨後，去心，每個切成 4 大塊。玉米洗淨切段。

2 其餘材料洗淨，放進大碗中，用溫開水浸泡 30 分鐘後，瀝乾備用。

3 將銀耳撕開，切去黃色部分。

4 把所有材料放入湯鍋中，大火煲滾後，轉中火煮 30 分鐘，再改用小火煲 1 小時 30 分鐘，下少許鹽調味。

銀耳桂圓枸杞紅棗湯

銀耳亦即是雪耳。這是一道簡單，能養生、安神、美肌、滋潤的美味湯品。一年四季，男女老少隨時都適合享用，而且冷熱飲用皆宜。更是女仕們美容養顏、補血益氣的營養珍品。

因為桂圓和紅棗都帶有天然的甜味，這道湯我自己是不放糖的。但如果你喜歡甜些，不妨加少許冰糖。

材料（**2 人份**）

銀耳	半朵
紅棗，去核	6 粒
桂圓	20g
枸杞	20g
水	1200ml

做法

1. 紅棗去核。銀耳用溫水浸泡半小時，清洗乾淨，剪去黃色蒂部，撕開後瀝乾。

2. 紅棗、桂圓和枸杞用清水沖洗後，用溫水浸泡 15 分鐘，瀝乾。

3. 湯鍋中加入全部材料，以大火煲滾，轉小火慢煮 30 分鐘便成。可隨口味在最後 10 分鐘放進少許冰糖。

PART 9
零食與點心

芝麻球（煎堆）

材料（16 個）

A 餡料

已烤無鹽連殼花生	180g
（roasted unsalted monkey nuts）	
芝麻，乾鍋烘香	80g
椰絲	50g
砂糖	80g
白芝麻	1 小碗

B 煎堆皮

糯米粉	250g
澄麵粉	50g
片糖（固體原始蔗糖）	50g
水	150 ml
沸水	50ml

做法

1 先用食物調理機（food processor）附設的研磨機（grinder）分次把花生磨成粉末。

2 把已磨成末的花生、芝麻、椰絲與砂糖放置大碗中拌勻，然後分次放進研磨機內，打磨成似花生醬的花生椰絲芝麻蓉餡。

3 片糖置於小湯鍋內，用 150ml 的水煮融後放涼。

4 糯米粉過篩於大碗中，倒入放涼的糖水 3，拌勻搓成光滑無粒的麵糰；太濕的話，可加少許糯米粉，太乾，則可酌量加少許的水。繼續揉搓至成為軟硬適中的麵糰。（捏出手指頭大小的一塊查看，感覺軟中帶韌便成了）

5 澄麵粉放另一碗中，倒入 50ml 沸水，用長抹刀快手拌勻成一塊小澄麵糰，然後把澄麵糰加進糯米糰去，繼續一起揉搓成光滑的麵糰。

6 把麵糰倒出在撒了粉的桌上，推滾成長條，分切成約 16 個 30g 重的小麵塊；將每個麵塊滾成圓球。

7 在電子秤上量出 15g 重的餡料，搓成一小圓球，繼續包好剩下的 15 個餡料球。

8 用手指尖輕輕把一麵糰壓扁成 8 公分大小的圓塊，把 1 球餡料放上，小心

包起輕按捏收密，用指尖
輕輕推磨成圓球。

9 大鍋中下花生油（或菜
油）燒熱至中小火油溫，
至放下一小麵糰測試時看
見周圍產生小泡起便是最
理想的溫度，可以把芝
麻球分兩批油炸，每次 8
個，每個放在長柄杓子中
徐徐放下。

10 要繼續保持中小火的溫
度。用中小火把煎堆炸至
完全金黃，約 7~8 分鐘左
右，取出放在鋪了廚房紙
巾的盤上吸油。

ꙮ JANE'S POINT ꙮ

· 自己做煎堆，一點也不難！我這個做法。用同樣的皮，也可以包進小球狀的豆
沙、蓮蓉等餡料。剛炸好不久吃時香軟酥脆，必定大受歡迎。吃不完的隔天用
小碗蓋著放進微波爐內加熱 1 分鐘左右，依然美味好吃 ！

· 炸煎堆期間火力要保持適當，用中火炸的煎堆色澤最金黃均勻；溫度太高的話，
煎堆的表皮不但會燒焦，還會爆裂而導致熱油彈出，要小心留意。

· 斷定油溫的方法是：煎堆會浮起在油面，周圍有小氣泡輕微滾動便是最理想的
熱度。發覺火太猛的話馬上收火降溫，再用中火保持油溫。

紅豆年糕

🥘 材料（**2 個 8 吋／20.5 公分圓烤盤份量**）

紅豆	230g
糯米粉	900g
在來米粉	450g
紅糖（片糖）	1000g
水	1500ml

🫖 工具

8 吋彈邊開扣烤盤 2 個
（springform cake tin）

兩層蒸爐 1 個

烘焙紙，綿繩

🍴 做法

1　紅豆洗淨用熱水浸泡 4 小時，換清水至蓋過豆面，用大火煮開，轉小火，蓋上鍋蓋煮至豆軟但不裂開（約 2 小時）。下 250g 紅糖煮溶，熄火，為保留豆粒完整，勿大力攪拌。用濾杓盛進碗內，湯汁無需完全瀝乾，可保留少許糖水。

2　糯米粉和在來米粉拌勻備用。
　　將 1500ml 水和 750g 的紅糖煮滾融化，待涼後，倒入糯米粉和在來米粉攪拌均勻。

3　兩個烤盤底部先刷上一層油再鋪上烘焙紙，烘焙紙上和盤壁也刷一層油。

4　用篩網過濾粉漿，倒進煮好的紅豆中，拌勻，分別倒入烤盤，抹平。用大張的烘焙紙覆蓋烤盤上方，以綿繩子在烤盤外圍綁牢，水開把烤盤放入蒸籠，大火蒸 1 個半小時。在大火蒸 45 分鐘後，把蒸籠內的紅豆糕上下對調，再大火蒸 45 分鐘。若只有一層蒸籠，就分兩次蒸，每盤蒸 1 個半小時。從蒸籠將紅豆糕取出，插入筷子若無黏著物即完成。

馬蹄糕

 材料（**2 個 8 吋／ 20.5 公分圓烤盤份量**）

A 粉漿

馬蹄粉	500g
水	600ml
椰奶	200ml

B 餡料

荸薺（馬蹄）	340g
水	1200 ml
冰糖	480g

工具

8 吋彈邊開扣烤盤 2 個
（springform cake tin）

兩層蒸爐 1 個

烘焙紙，綿繩

🍴🍴🍴 做法

1 馬蹄粉、600ml 的水和 200ml 的椰奶混合溶解成粉漿,過篩。馬蹄切片。兩個烤盤底部先刷上一層油再鋪上烘焙紙,烘焙紙上和盤壁也各刷上一層油。

2 將 1200ml 的水、480g 的冰糖放入鍋裡,煮滾至糖融化成糖水,轉小火。

3 用量杯舀起 1/10 的粉漿,然後從量杯緩緩倒入糖水並不斷攪拌,以免黏鍋,隨即關火。

4 糖水放涼 5 分鐘後,慢慢倒入馬蹄粉漿裡,不停攪拌,然後把馬蹄也放入拌勻。

5 混合好的粉漿材料分別倒入圓盤內,用大張的烘焙紙覆蓋烤盤上方,以綿繩子在烤盤外圍綁牢,水開把烤盤放入蒸籠,用大火蒸約 1 小時。 在大火蒸 30 分鐘後,把蒸籠內的馬蹄糕上下對調,再大火蒸 30 分鐘。至糕身全部呈透明狀,插入筷子試試,見不黏筷便成。

🍴 JANE'S POINT 🍴

· 若只有一層蒸籠,就分兩次蒸,每盤蒸 1 小時。

· 放涼後可密封放冰箱,吃時才取出切塊,冷吃或香煎皆可。蒸好的馬蹄糕要涼透才好切,也可等完全冷卻覆蓋保鮮膜放冷藏,隔天取出切塊,切口會更整齊好看。

蘿蔔糕

材料（**2 個 8 吋／ 20.5 公分圓烤盤份量**）

A

白蘿蔔	900g
水	1 杯
鹽	½ 小匙
白胡椒粉	½ 小匙

B

乾香菇	12 朵
菜脯（蘿蔔乾）	6 條
五香豆腐干（p.030）	150g
米酒	1 大匙
糖	1 小匙
白胡椒粉	½ 小匙
醬油	1 小匙
自製素蠔油（p.009）	1 大匙
麻油	1 大匙
玄米油	1 大匙

C

在來米粉（粘米粉）	3 ½ 杯
澄麵（小麥澱粉）	½ 杯
玉米粉	1 大匙
水	3 杯
香菇味粉（p.004）（市售 ½ 小匙，自製 1 大匙）	
鹽	1 小匙
白胡椒粉	½ 小匙
玄米油	1 大匙

工具

8 吋彈邊開扣烤盤 2 個

（springform cake tin）

兩層蒸爐 1 個

烘焙紙，綿繩

不黏底的大鍋 1 個

做法

1 白蘿蔔刨成絲。乾香菇洗淨泡軟切丁。菜脯洗淨，用溫水浸泡 1 小時，擠乾，切細末。豆腐干切丁。

2 兩個烤盤底部先刷上一層油再鋪上烘焙紙，烘焙紙和盤壁上也刷一層油。

3 將材料 A 放進一個不沾大鍋內，煮滾後，改用小火煮 10 ~15 分鐘，至蘿蔔絲呈透明。

4 煮蘿蔔期間，炒餡料 B。平底鍋燒熱下油 1 大匙，加進泡軟和切碎了的香菇、菜脯和五香豆腐干煎爆至金黃，下酒拌炒一會；加鹽、糖、白胡椒粉、醬油、素蠔油和麻油炒香成餡料。（喜歡的話可隨意加些市售好質素的純素火腿切粒）盛起備用。

5 把材料 C 用手持式攪拌機拌勻成粉漿。蘿蔔煮好後，加進粉漿拌勻，蓋鍋繼續以小火煮至半熟（約 10 分鐘），煮時要不斷翻拌以免燒焦。

6 把餡料加入拌勻，然後倒入兩個烤盤內，抹平。用大張的烘焙紙覆蓋烤盤上方，以綿繩子在烤盤外圍綁牢，水開把烤盤放入蒸籠，大火蒸約 40 分鐘後，把蒸籠內的蘿蔔糕上下對調，再大火蒸 20 分鐘。若只有一層蒸籠，就分兩次蒸，每盤約蒸 1 小時。

7 從蒸籠將蘿蔔糕取出，插入筷子若無黏著物即完成。

JANE'S POINT

完全涼卻放冰箱內冷藏，可保持 4 ～ 6 天。要吃時可切塊用油煎香，沾以甜、辣醬或醬油。冷凍的話，可保持 3 個月左右。

207

芋頭糕

🍳材料（**2 個 8 吋／ 20.5 公分圓烤盤份量**）

A 食材

芋頭	600g
鹽	1 小匙
乾香菇	12 朵
五香豆腐干（p.030）	150g
菜脯（蘿蔔乾）	6 條

B 粉料

在來米粉（粘米粉）	3½ 杯
澄麵（小麥澱粉）	½ 杯
玉米粉	1 大匙
水	4 杯

香菇味粉（p.004）

（市售 ½ 小匙，自製 1 大匙）

鹽	1 小匙
白胡椒粉	½ 小匙
玄米油	1 大匙

C 調味料

米酒	1 大匙

糖...｜小匙	工具
五香粉.. ½ 小匙	8 吋彈邊開扣烤盤 2 個
白胡椒粉.. ½ 小匙	（springform cake tin）
醬油.. ｜大匙	兩層蒸爐 ｜個
素蠔油（p.009）................................. ｜大匙	烘焙紙
麻油.. ｜大匙	不黏底的大鍋 ｜個
玄米油.. ｜大匙	

做法

1 乾香菇洗淨泡軟切丁。菜脯洗淨，用溫水浸泡 1 小時，擠乾，切細末。豆腐干切丁。

2 兩個烤盤底部先刷上一層油再鋪上烘焙紙，烘焙紙和盤壁上也各刷一層油。

3 芋頭洗淨去皮切小粒（約 1.5 公分×0.5 公分）。芋頭粒下鹽 1 小匙拌勻，隔水蒸熟（約 15 分鐘），瀝乾備用。

4 平底鍋燒熱下油 1 大匙，加進泡軟和切碎了的香菇、菜脯和五香豆腐干煎爆至金黃，倒酒拌炒一會；加糖、白胡椒粉、醬油、素蠔油、麻油、和蒸好的芋頭炒香入味成餡料（喜歡的話可隨意加些市售好質素的純素火腿切粒）。

5 大碗中把粉料用手持式攪拌機拌勻，加進餡料中繼續用小火翻炒至半熟（約 3～5 分鐘），要不斷翻炒以防黏底。若太稠可多加少許滾水，迅速拌勻。

6 把粉漿倒入兩個烤盤內，抹平。注意為了要把每個角落都填滿，不停地輕壓按實，撥平。用大張的烘焙紙覆蓋烤盤上方，以綿繩子在烤盤外圍綁牢，水開把烤盤放入蒸籠，大火蒸約 40 分鐘後，把蒸籠內的芋頭糕上下對調，再大火蒸 20 分鐘。若只有一層蒸籠，就分兩次蒸，每盤約蒸 1 小時。

7 從蒸籠將芋頭糕取出，插入筷子若無黏著物即完成。

花生椰絲芝蔴蓉湯圓

材料（**32** 個）

A 糯米糰

糯米粉	300g
沸水	100g
冷水	150g

B 餡料

無鹽帶殼花生	80g
炒香白芝麻	80g
椰絲	50g
白砂糖	80g

C 餡料外層

炒香芝麻	6 大匙
椰絲	6 大匙
白砂糖	3 大匙

D 糖水

紅糖（黃片糖）	200g
水	1800ml
薑	3～4 片

做法

1 先做餡料。花生去膜去殼，用研磨機分次將花生磨成粉末。花生粉、芝麻、椰絲和砂糖放入碗中攪拌均勻，然後分次放進研磨機內，打成類似花生醬的餡料，放進冰箱冷至較結實，備用。

2 在小碗中，把餡料外層的材料混合，備用。

3 將一張烘焙紙放在電子秤上，量出 10g 重的花生餡料滾成小球，接著把小球放入餡料外層的材料中，滾動小球至完全沾上芝麻椰絲，約做 32 個餡料球。

4 煮糖水。把薑、糖和水放進鍋內煮滾後置於一旁，再另煮滾一鍋清水備用。

5 做糯米糰。糯米加進大碗內，將沸水倒進糯米粉中，用筷子或長柄矽膠刮刀把粉與熱水拌勻，成麵絮狀，繼而加入冷水，拌勻後用手按捏搓揉均勻成為不黏手的糯米糰。若覺得黏，可加些乾糯米粉，太乾的話，可加少許冷水。

6 搓揉均勻的糯米糰搓成長條，先切開 2 段，每段再平均切成 16 份，在手中心滾圓，共 32 個，放在平均撒了粉的大盤中，用布蓋著以防乾裂。

7 取一個糯米糰，用姆指在中間按一下成小窩，然後用姆指放在小窩裡，其他手指沿著外圍轉動成深窩。取一個餡料球放進小窩裡按壓下去，用姆指輕按著餡料，用另一隻手的虎口捏緊收口滾圓便可。做好的湯圓也用布蓋著。

8 把糖水和另一鍋清水再煮沸，分兩次把湯圓放進清水煮滾 2 分鐘後，加入糖水中再煮數分鐘至澎漲 1.5 倍左右並浮在湯面，便可盛進碗中趁熱享用。

富貴糖皇（糖不甩）

材料（**64** 個）

糯米粉	300g	烤花生粒磨粉	適量
在來米粉（粘米粉）	60g	烘白芝麻	適量
沸水	100ml	椰絲	適量
冷水	150ml	紅糖（黃片糖）	100g
細砂糖	少許	水	500ml

做法

1. 糯米粉和在來米粉過篩放入大碗中混合。先加入 100ml 沸水用筷子拌勻，然後用手搓按一會後加入 150ml 冷水拌成粉糰；繼續把粉糰搓揉至光滑不粘且柔韌而軟硬適中。若太乾，加少許水；太黏，則加少許粉。

2. 把粉糰切開 2 份，每份搓成長條狀，每長條橫切成 8 段，每段再切成 4 小個，兩個粉糰總共可切成 64 個。

3. 將每個小粉糰搓成圓球狀，放在撒了在來米粉的盤子中備用。

4. 取一湯鍋，倒入 500ml 的水和紅糖用大火煮沸，需稍微攪拌以防黏底。轉小火繼續煮至糖完全融化，再煮 5 分鐘至略濃稠成糖漿狀甜湯。

5. 另外準備一鍋水，水煮開後將要吃份量粉糰放入，輕輕攪拌以免黏鍋。煮滾到粉糰浮起，撈起放入糖水中，再煮 2～3 分鐘後至澎漲 1.5 倍左右並浮在湯面，便可離火。撈起分盛進碗中，放上自磨的烤花生粉、烘芝麻和椰絲，趁熱享用。

♦ JANE'S POINT ♦

- 未煮的糯米糰可放容器內，加蓋密封冷凍，可保持 1～2 個月左右。
- 需要時從冷凍庫取出，不要退冰，直接依上述步驟 4～5，將粉糰煮熟便成。

免烤草莓杏仁奶油糕

材料（**6 ~ 8 人份**）

烤香去皮杏仁	2 杯
檸檬	1 個
罐裝椰奶	½ 杯
（選用含椰奶成份 60% 以上）	
龍舌蘭糖漿	2 大匙
草莓（新鮮或冷凍都可以）	
	1 杯
藍莓	1 杯
椰棗	1 杯
烤香去皮杏仁	½ 杯

工具

6 吋或 8 吋彈邊開扣烤盤
（springform cake tin）1 個

※ 用 **6** 吋烤盤的話，糕身做好會比較厚，用 **8** 吋烤盤的話，糕身則會較薄，我這兒是用 **8** 吋的。

1 檸檬榨汁備用。椰棗去核後，用冷開水浸泡放置冰箱過夜（用溫水的話，只需浸泡 4 小時），瀝乾用廚房紙巾包著吸乾水份，備用。

2 烤盤底部先刷上一層植物奶油再鋪上烘焙紙，烘焙紙上和盤壁也刷一層植物奶油。

3 先做糕底。將去核椰棗和 ½ 杯烤香後的去皮杏仁放進食物調理機（food processor）打至粘稠，倒出撥進烤盤底部，用乾淨水杯底部輕輕按壓緊密均勻。

4 把 2 杯烤香去皮杏仁、檸檬汁、椰奶和龍舌蘭糖漿放進攪拌機（blender）內打成光滑奶油。

5 將杏仁奶油倒在糕底上面，撥平。

6 攪拌機（blender）洗淨擦乾，放進草莓，加 1 小匙糖漿，打成草莓醬。

7 將草莓醬淋在杏仁奶油上，然後在盛著草莓杏仁奶油糕的烤盤上蓋一個盤子或用鋁箔紙包著，放進冷凍庫冷凍至少 3 小時。

8 要吃時取出，在室溫中放置 15 分鐘至可以用刀切開。小心脫模，將整個杏仁奶油糕從烤盤底移到另一盤子上，隨意放上籃莓便成。

JANE'S POINT

· 盡快切出所需份量，剩下的可以快速包好放回冷凍庫保存。冷凍保存可保持 3 個月。

· 去皮杏仁在全食店或部分超市有售。

· 烤杏仁方法：預熱烤箱至 180℃ ／ 350°F（fan 160℃）。在鋪了烘焙紙的烤盤上把杏仁單層排開，烤 15 分鐘，中段翻轉一次。取出放涼備用。

草莓黑莓椰奶糕

材料（**6 ~ 8 人份**）

A 椰奶糕

杏仁奶（或任何植物奶）	300ml
檸檬汁	1 大匙
無反式脂肪酸的植物奶油	150g
楓糖漿	5 大匙
中筋麵粉	275g
黃細砂糖（golden caster sugar）	100g
泡打粉（baking powder）	2 小匙
小蘇打粉（baking soda）	1 小匙
海鹽	½ 小匙
香草精	2 小匙

B 椰奶糖霜

全脂罐裝椰奶（椰奶成份 90%）1 罐	400g
糖粉	2 大匙
香草精	1 小匙

C 裝飾

草莓	150g
黑莓	150g

🫖 **工具**

8 吋彈邊開扣烤盤 2 個

（springform cake tin）

🍴🍴🍴 做法

1 烤盤底部分別刷上一層植物奶油再鋪上烘焙紙，烘焙紙上和盤壁也各刷一層植物奶油。

2 把杏仁奶倒進量杯中，加入檸檬汁拌勻備用。

3 中火熱平底鍋，加進植物奶油和楓糖漿煮融，放在一旁放涼備用。

4 預熱烤箱至 180℃／350℉（fan 16℃）。大碗中篩進麵粉、細砂糖、泡打粉和小蘇打粉拌勻。

5 將略微凝結的檸檬奶、香草精和糖漿混合物一起倒進麵粉中，拌勻成流質的麵糊。

6 把麵糊平均倒進兩個預備好的烤盤內，置烤箱內烤 25 ~ 35 分鐘，至用長鋼針插入抽出無黏物便成。烤烘期間，若糕面或糕身變色太快的話，可用鋁箔紙蓋著。

7 烤好的椰奶糕連模具一起放在鋼架上最少 10 分鐘才脫模，讓其完全放涼。

8 做奶油糖霜。椰奶前一晚放進冰箱（最少 24 小時）。大碗也預先放進冰箱 10 分鐘。取出後將已凍凝的椰奶開罐，用大匙把已凝聚在頂部的椰奶全挖進大碗中，用手提打發器將椰奶用高速先打發 15 ～ 20 秒至流動，篩入糖粉，加進香草精，再用高速打發至成厚奶油，約 3 分鐘。

9 糕完全放涼後，用一半奶油抹在一片糕上，放上切半的草莓和黑莓，把另一片糕小心放上，抹上剩下的奶油，也放上整顆的草莓和黑莓便成。

樹莓藍莓巧克力椰奶糕

🍳 **材料（6～8 人份）**

A 椰奶糕

杏仁奶（或任何植物奶）	300ml
檸檬汁	1 大匙
無反式脂肪酸的植物奶油	150g
楓糖漿	5 大匙
即溶咖啡粉	1 小匙
中筋麵粉	275g
二砂糖（golden caster sugar）	100g
無糖可可粉	4 大匙
泡打粉（baking powder）	2 小匙
小蘇打粉（baking soda）	1 小匙

B 椰奶糖霜

全脂罐裝椰奶（椰奶成份 90%）1 罐	400g
糖粉	2 大匙
香草精	1 小匙

C 裝飾

樹莓	150g
藍莓	150g

 工具

8 吋彈邊開扣烤盤 2 個

（springform cake tin）

🍴 做法

1　烤盤底部分別刷上一層植物奶油再鋪上烘焙紙，烘焙紙上和盤壁也各刷一層植物奶油。

2　把杏仁奶倒進量杯中，加入檸檬汁拌勻備用。

3　中火熱平底鍋，加進植物奶油、即溶咖啡粉和楓糖漿煮融，放在一旁放涼備用。

4　預熱烤箱至 180℃／350℉（fan 160℃）。大碗中篩進麵粉、細砂糖、可可粉、泡打粉和小蘇打粉，混合拌勻。

5　將已略微凝結的檸檬奶和糖漿混合物一起倒進 4 混合粉類中，拌勻成流質的麵糊。

6　把麵糊平均倒進兩個預備好的烤盤內，置烤箱內烤 25～35 分鐘，至用長鋼針插入抽出無黏物便成。烤烘期間，若糕面或糕身看來變色太快的話，

可用鋁箔紙蓋著。

7　烤好的椰奶糕連模具
　　一起放在鋼架上最少
　　10 分鐘，才脫模，然
　　後讓其完全放涼。

8　做奶油糖霜。椰奶前
　　一晚放進冰箱（最少
　　24 小時）。大碗也
　　預先放進冰箱 10 分
　　鐘。取出後將已凍凝
　　的椰奶開罐，用大匙
　　把已凝聚在頂部的椰
　　奶全挖進大碗中，用
　　手提打發器將椰奶用
　　高速先打發 15 ～ 20
　　秒至流動，篩入糖
　　粉，加進香草精，再
　　用高速打發至成厚奶
　　油，約 3 分鐘。

9　糕完全放涼後用一半
　　奶油抹在一片糕上，
　　放上樹莓和藍莓，把
　　另一片糕小心放上，抹
　　上剩下的奶油，也放
　　上樹莓和藍莓便成。

PART 10

感恩節 / 聖誕節 晚餐

烤素火肉卷

{ 冷藏保存5天 | 冷凍保存 3 個月 }

我的家人和認識我的朋友都知道，聖誕節對我來說，是如何重要的一個家庭節日。雖然我不是基督教徒，但每年還是會以萬分期待的心情，佈置家中、選購禮物、忙於下廚；然後與家人親友一起歡渡這個充滿溫暖色彩、香濃美味、歡樂心情的喜氣假期。

材料（**6～8人份**）

A 乾材料

麵筋粉（vital wheat gluten）................ 2 杯

中筋麵粉.. ¼ 杯

鹽.. 1 小匙

糖.. 1 小匙

市售香菇味粉.. 1 小匙

（或自製香菇味粉（p.004）1 大匙）

川椒粉.. 1 小匙

沙薑粉.. 1 小匙

B 攪拌機材料

市售或自製板豆腐（p.029）................ 280g

水.. 360ml

葵花油.. 2 大匙

白味噌.. 2 大匙

海鹽.. 1 小匙

營養酵母片（nutritional yeast flakes）2 小匙

義大利混合香草.. 1 小匙

C 高湯材料

水.. 15 杯

薑.. 4 片

白酒.. 3 大匙

市售有機蔬菜高湯塊.................................. 4 粒

（或自製蔬菜高湯調味醬（p.007）8 大匙）

醬油.. 2 大匙

鹽.. 2 小匙

鮮磨黑胡椒.. 2 小匙

糖.. 2 小匙

D 鍋汁材料

無反式脂肪植物奶油.................................. 3 大匙

醬油.. 1 大匙

留下的高湯.. ¼ 杯

切碎新鮮迷迭香、鼠尾草、百里香

.... 各 1 小匙

鮮磨黑椒.. 1 小匙

工具

加厚鋁薄紙

做法

<u>製作素肉卷</u>

1 預熱烤箱至 200℃／390℉（fan 180℃）。

2 將所有乾材料放入大碗中拌勻，備用。

3 豆腐用乾淨布包著吸乾水份後，剝碎放進攪拌機（blender）內，加入剩下的攪拌機材料，打至混合物光滑呈奶油狀，中段時可停下機子將黏附兩旁的混合物刮撥下來。

4 把豆腐混合物放進乾材料中，用長柄矽膠刮刀翻拌混合至成為具粘性的麵糰。

5 將麵糰放入裝有麵糰刀片的攪拌機中攪拌 1 分鐘。或者將麵糰放入裝有槳葉的座式攪拌機（stand mixer）中，並以中速攪拌 1 分鐘。

6 撕下一大張鋁箔紙（約 24 吋長）放在桌面。將圓球狀的麵糰放在鋁箔紙上，把鋁箔紙兩邊在麵糰上方收口，摺下，然後開始滾至成圓筒狀，在滾動的同時將兩端夾緊。目的是要造成一個緊實的圓柱形包裝。將兩端的鋁箔紙擰緊以密封，小心不要撕裂箔紙。將兩端向上彎曲以將它們鎖緊。

7 用第二片箔紙再緊密多包一層並將兩端也擰緊以成完全密封的包裝。如果在扭曲末端時箔紙有任何撕裂的話，則要包裹第三層。

8 將包裝直接放在烤箱的中間架上烤烘 1 小時 30 分鐘。把烤好的肉卷取出，放涼 30 分鐘。

9 這時準備高湯。將所有高湯材料加入大型湯鍋中煮沸。蓋上蓋子，轉小火保持微沸。

10 打開烤肉卷，用叉子在頂部刺穿 4 下，在底部也刺 4 下。

11 將高湯煮沸，小心地將烤肉放入湯中。煮開後轉小火至保持微沸的狀態，慢煮 1 小時。偶爾轉動烤肉卷。經常察看要將鍋中保持不斷的微沸燉煮。湯應該輕輕冒泡，不能沸騰，但也不要讓烤肉只是在熱的液體中躺著，因為需要溫和的煮沸才能滲透烤肉並完成烹煮過程。

12 慢煮 1 小時後離火，放在通風或較涼的地方，蓋著讓肉卷在鍋中冷卻後，取一容器，將肉卷連 ¼ 杯高湯放進容器內，密封冷藏至少 8 小時至 1 星期。

烤素肉卷

1 在要完成烹煮烤肉卷前 2 小時從冰箱取出，將烤箱預熱至 180°C／350°F（fan 160°C）。用紙巾輕輕擦乾烤肉。

2 在一個大而深的不沾鍋或炒鍋中，用中火融化植物奶油。加入烤肉，然後用兩支大木匙轉動烤肉好讓其沾上奶油。繼續間中翻轉至呈淺褐色。加入醬油，然後繼續翻轉約 1 分鐘後，加入之前煮肉時留下的高湯、香草和一些黑胡椒。

3 繼續用鍋中醬汁煎塗上色，直至醬汁收乾且烤肉卷呈漂亮的金黃色。

4 把肉卷轉移到淺烤盤中，鋪上鋁箔紙，烘烤 30 分鐘至熱透。

5 將烤肉放到盤上，切薄片上桌。

烤素肉威靈頓

材料（6～8 人份）

A 濕材料

茄子	350g
櫛瓜	250g
葡萄乾	80g
煮熟栗子	100g
紅酒	240ml
蔬菜高湯	240ml
紅味噌	1 大匙
海鹽	1 大匙
鮮磨黑胡椒	1 大匙
肉桂粉	½ 小匙
多香果粉（allspice）	½ 小匙
紅椒粉（paprika）	½ 小匙
肉豆蔻粉（nutmeg）	½ 小匙
乾鼠尾草（sage）	2 小匙
乾迷迭香（rosemary）	1 小匙
橄欖油	2 大匙

B 乾材料

麵筋粉（vital wheat gluten）	250g
鷹嘴豆粉	3 大匙

C 香料粉

卡宴辣椒粉（cayenne pepper）	1 小匙
多香果粉（allspice）	1 小匙
乾鼠尾草（sage）	1 小匙
乾義大利混合香草	2 小匙

D 烤烘材料

a

紅酒	1 杯
蔬菜高湯	4 杯
茴香頭	半個
柳橙	1 個
紅味噌	1 大匙
新鮮迷迭香	1 把
新鮮百里香	1 把
義大黑香醋	2 大匙

b

小紅莓醬	4 大匙
市售千層酥皮（植物奶油做的）	1~2 張

E 刷醬

楓糖漿	3 大匙
植物奶	3 大匙

F 烤汁

玉米粉	2 小匙
水	2 小匙

工具

紗布

棉繩子

做法

1 茄子去皮切丁，櫛瓜去皮切丁。

2 先做濕材料：中火熱炒鍋下油，加入濕材料中的茄子、櫛瓜丁、香料和香草同炒 2～3 分鐘。與此同時，把栗了和葡萄乾放進食物調理機（food processor）打至細碎，加入炒鍋中一起共炒 3～4 分鐘至香軟。下酒、高湯和味噌拌勻煮沸後，保持微沸 2 分鐘後，離火。

3 大碗中把乾材料拌勻，待濕材料放涼後，加進一起搓勻成麵糰，在碗中輕輕搓揉 5 分鐘後。倒出在桌上再輕推揉成長筒狀，靜置 10 分鐘。

4 預熱烤箱至 180℃／350℉（fan 160℃），將香料粉在小碗中混合，將麵糰推滾成直徑約 4 吋的香腸形狀。將香料混合物撒在板上，然後將麵糰滾進去，直至完全蓋上。

5 將麵糰裹在紗布中並用棉繩子綁緊兩端。將包好的麵糰放入深烤盤中，加進在大碗中拌勻了的烤烘材料 a。置烤箱底部烤 2 小時，每 30 分鐘翻轉一次。

6 烤烘後，從烤盤中取出放涼 30 分鐘左右，才從紗布中取出烤素火肉。把 2 張千層酥皮排在一起，放上烤好的素肉量測，以能全塊包裹起來的大小為合，切去多餘的酥皮，可以留起冷凍，有需要時取出退冰做點心用。

7 整個烤肉刷上小紅莓醬，放在酥皮中間，將酥皮從底部外切間條，逐條拉起交疊包裹烤肉（如圖）。在包好的酥皮外刷上拌勻了的刷醬，放進預熱至 200℃／390℉（fan 180℃）的烤箱，烤 20～25 分鐘或直至金黃色即可。

烤果仁卷

材料（6～8 人份）

A 食材

茴香頭（可用洋蔥）..........................	1 個
地瓜..........................	200g
中型紅蘿蔔..........................	2 條
西芹..........................	2 株
橄欖油..........................	2 大匙

B 食材

杏脯乾..........................	75g
油漬乾番茄..........................	6 塊
熟栗子（可用真空包裝或冷凍）..........	150g
小紅莓乾..........................	75g
混合果仁..........................	150g
（杏仁、榛果、巴西堅果等等）	
煮熟開邊紅扁豆..........................	150g
麵包粉..........................	75g

C 調味料

乾迷迭香..........................	1 小匙

乾百里香.......................... 1 小匙
乾鼠尾草（sage）.......................... 1 小匙
煙紅椒粉.......................... ½ 小匙
紅酒.......................... 2 大匙
海鹽.......................... 1 小匙
黑胡椒.......................... 1 小匙
自製香菇味粉（p.004）.................... 1 大匙
（市售 ½ - 1 小匙）

D 蛋液取代物

亞麻籽粉..........................	2 大匙
熱水..........................	6 大匙

工具

烤麵包模具 1 個（約 23 x 13 x 8 cm）
烘焙紙
橄欖油 1 大匙

做法

1 將 A 中的材料每樣切至差不多同樣大小，約 1 cm 左右小丁。小紅莓乾用溫水泡軟，約 5 分鐘。

2 把吐司麵包撕開掉進食物調理機（food processor）打成粉末狀成為麵包粉。

3 杏脯乾、油漬乾番茄切碎，熟栗子，每粒切 8 塊。小紅莓乾用溫水泡軟約

5 分鐘），瀝乾備用。混合果仁用食物調理機（food processor）打成碎粒。

4　麵包模具在盤底和四壁刷油，鋪上烘焙紙，再在烘焙紙上刷油。把蛋液取代物混合拌勻備用。

5　中火熱炒鍋下油，下 A 略炒，加入調味料拌勻炒至香軟，不停炒拌，以防黏底。

6　預熱烤箱至 180℃／350℉（fan 160℃），把炒熟的蔬菜放進大碗中，加進 B 料拌勻，下蛋液取代物完全拌勻。

7　把大碗中的混合物撥進預備好的麵包模具　，盡量於每處壓實以免留有小洞空間之類。

8　放進烤箱烤 45 ~ 50 分鐘左右，至果仁卷呈金黃且碰起來可感到已定型即可。

素起司醬烤綠白花椰

材料（**6～8 人份**）

A 食材

白花椰 400g	腰果 .... 半杯
綠花椰 400g	營養酵母 .... ½ 半杯
海鹽 .... l 小撮	白味噌 .... l 大匙
全麥切片麵包 .... 2 塊	腰果奶 .... 8～l0 大匙
B 素起司醬	鮮榨檸檬汁 .... ½ 個
椰奶 .... l 罐	海鹽 .... l 小撮
	鮮磨黑胡椒 .... l 小撮

做法

1 把全麥切片麵包撕開掉進食物調理機（food processor）打成粉末狀成為麵包粉。

2 椰奶放進冰箱冷藏數小時或隔夜冷凝。

3 腰果用熱水蓋著浸泡 30 分鐘，瀝乾。預熱烤箱至 180°C／350°F（fan 160°C）。

4 把冷凝了的椰奶與其餘的素起司醬材料全部加入攪拌機（blender）中打勻，成為素起司醬。

5 白花椰放進加了 1 小撮海鹽的沸水中，大火把水再度煮開後，轉小火把白花椰煮 1 分鐘然後轉大火，馬上加入綠花椰，水還沒被煮沸前全部撈起瀝乾，放進一個深烤盤中。

6 把素起司醬倒在烤盤中的白綠花椰上，撒上麵包粉。

7 置烤箱內烤 20 分鐘至麵包粉金黃香脆。

JANE'S POINT

素起司醬烤綠白花椰最好即烤即吃，如要預先準備的話，可於前一天做到步驟 5，然後放進烤盤或容器密封存放，翌日依照其餘步驟完成，即時盛盤上桌享用便可。

甘香酥軟馬鈴薯

材料（**6 ~ 8 人份**）

中型馬鈴薯	4 個
中筋麵粉	1 大匙
海鹽	2 小匙
鮮磨黑椒	1 小匙
橄欖油	3 大匙
新鮮迷迭香	2 株
百里香	4 株

做法

1　水（以能蓋過切開馬鈴薯的份量）在湯鍋中燒沸，下鹽 1 小匙。烤箱預熱至 200°C／390°F（fan 180°C）。

2　馬鈴薯去皮洗淨，每個切成 3 ~ 4 塊，放進沸水中，煮開後，轉中火，加蓋再煮 2 分鐘後倒出瀝去水份，然後在篩網上風乾 3 分鐘。

3　馬鈴薯放回鍋裡，加入海鹽和黑胡椒末、麵粉、1 大匙橄欖油，蓋著鍋子輕輕上下左右搖撞，讓馬鈴薯邊角磨圓並裹上麵粉。

4　煮馬鈴薯期間，將一大烤盤加 2 大匙橄欖油置烤箱中燒熱，放入香草在熱油中炸出香氣，將香草取出。然後小心把馬鈴薯逐塊放入烤盤，小心翻滾一下以沾上熱油，烤 40 分鐘 ~ 1 小時至金黃酥軟便成，期間反轉一次。

> ### ♥ JANE'S POINT ♥
>
> 馬鈴薯最好即烤即吃，如要預先準備的話，可於前一天做到步驟 3，待涼後放進容器密封存放，翌日依照步驟 4 完成，即時盛盤上桌享用便可。

煙紅椒粉烤地瓜條

材料（6～8 人份）

地瓜	2 大個
海鹽	1 小撮
鮮磨黑胡椒	1 小撮
煙紅椒粉	1 小匙
新鮮迷迭香	2 株
百里香	2 株
橄欖油	2 大匙

做法

1　預熱烤箱至 200°C／390°F（fan 180°C）。烤盤上鋪烘焙紙，烘焙紙上刷少許油（份量外）。把地瓜擦洗乾淨，保留下皮。

2　地瓜橫切成兩半，每半個地瓜中間直切成兩份，每份再直切開二，將每個地瓜切成 8 根粗條。

3　所有地瓜條放進大碗中，將香草葉從枝上倒抹撥落到地瓜條上，加入海鹽和鮮磨黑胡椒末、煙紅椒粉及橄欖油，一起拌勻。

4　將地瓜條排開在烤盤上，放進烤箱烤 30 分鐘左右至香軟酥脆，期間反轉一次。

♦ JANE'S POINT ♦

地瓜條最好即烤即吃，如要預先準備的話，可於前一天做到步驟 3，然後放進容器密封存放，翌日依照步驟 4 完成，即時盛盤上桌享用便可。

鍋炒楓糖栗子球芽甘藍

{ 密封冷藏可保存 3 ~ 4天 }

材料（**6 ~ 8 人份**）

球芽甘藍	500g	全籽芥末	l 大匙
鹽	½ 小匙	楓糖漿	l 大匙
橄欖油	l 大匙	海鹽	少許
熟栗子	½ 杯	和鮮磨黑椒	少許
乾小紅莓	½ 杯		

做法

1　熟栗子粗略剁碎。

2　球芽甘藍除去外層較厚的葉片和削去較硬的底部，放進加了鹽和橄欖油的沸水中，大火把水再次煮開後，轉小火煮 2 ~ 3 分鐘，撈起並迅即直接放入預熱的平底不沾鍋中。

3　將小紅莓乾和 3 大匙汆燙球芽甘藍的湯汁加進鍋裡，以中火拌煮一會至小紅莓稍軟，把剁碎的栗子投進，下全籽芥末。

4　如鍋中感覺太乾的話，可多加點湯汁再拌煮片刻至球芽甘藍軟熟，加進楓糖漿，下少許海鹽和鮮磨黑椒，炒拌均勻，試味。

香草烤防風草根小胡蘿蔔

{ 密封冷藏可保存 3 ~ 4 天 }

材料（4 ~ 6 人份）

有機小胡蘿蔔	220g	橄欖油	1 大匙
防風草根	220g	新鮮迷迭香	4 株
海鹽	適量	百里香	2 株
鮮磨黑椒	適量		

做法

1 預熱烤箱至 200°C／390°F（fan 180°C）。烤盤上鋪烘焙紙，烘焙紙上刷少許油（份量外）。有機小胡蘿蔔不用去皮，洗淨，直切開二。防風草根去皮，洗淨，按粗幼直切成 2 至 3 條與胡蘿蔔差不多大小。

2 把所有小胡蘿蔔和防風草根條放進大碗中，將香草葉從枝上倒抹撥落，加入海鹽和鮮磨黑胡椒末及橄欖油，一起拌勻。

3 排開在烤盤上，放進烤箱烤 30 分鐘左右至香軟酥脆，期間反轉一次。

4 把小胡蘿蔔和防風草根放盤子中，伴點沙拉菜作襯托上桌。

烤汁

🥄 材料（**6～8 人份**）

煮烤素火肉卷的高湯（p.007）... 1000 ml

※ 或用有機蔬菜高湯塊 **2** 粒融化

在 **1000 ml** 的沸水中代替

橄欖油.. 2 大匙

中筋麵粉.. 4 大匙

植物奶油.. 2 大匙

A 調味料

黑醋醬（p.008）.............................. 1 小匙

老抽.. ½ 小匙

紅酒.. 2 大匙

黑胡椒.. 1 小匙

香菇味粉（p.004）..........................適量

海鹽.. 1 小匙

🍳 做法

1 中低火熱大湯鍋，下橄欖油稍熱便下植物奶油，融化後加入麵粉，快速攪拌成麵糊，拌炒至麵粉散發出香氣，約 2 分鐘。

2 把高湯分次加進麵糊，用手提打蛋器不斷用力打發以消除顆粒。起初麵糊可能看來很稠很厚，有些麵粉甚至會變褐色並黏在鍋底，這是正常的，只要把高湯繼續加進，並不斷打發直止湯汁細滑。

3 加入黑醋醬、老抽、紅酒和黑胡椒拌勻，用中火煮開，轉小火以微沸慢煮至湯汁變稠，期間不時攪拌以防黏底，煮至收乾一點或至濃稠適中，如覺得不夠幼滑的話，可以過篩至另一小鍋中以濾去顆粒。

4 試味，隨個人口味下香菇粉和海鹽拌勻，再煮開後加蓋用微火燉著保溫備用。

🍴 JANE'S POINT 🍴

烤汁通常在每個菜都可以上桌了，最後才做，以保持汁液滾熱香滑。如之前一、二天或隔晚做好的話，可在需要時取出，蓋著用最小火慢慢燉至沸騰，期間要攪拌一下。

小紅莓醬

材料（6 ~ 8 人份）

新鮮（或冷凍）小紅莓	300g
紅糖	100g
柳橙橙皮屑	1 顆
紅酒	6 大匙

做法

1 把小紅莓、紅糖和刨成屑的橙皮、榨出來的柳橙汁及紅酒混合加進小鍋中，用小火

2 把紅糖煮至融化，再慢煮 5 ~ 8 分鐘至湯汁收乾變濃稠。

JANE'S POINT

做好的小紅莓醬可馬上食用，或放涼後裝進已消毒的容器中蓋上蓋子，放冰箱可冷藏 1 星期，冷凍則可存放 2 個月。

PART 11

賀歲農曆年菜

鴻喜一品鍋

材料（**4~8 人份**）

A 食材

豆腐.. 約 400g	大白菜.. 1 棵
芋頭.. 600g	冬粉.. 100g
黑木耳.. 10g	薑.. 3 片
水煮竹筍.. 1 棵	小紅辣椒.. 1 支
栗子（可用新鮮、真空包裝或冷凍的）100g	海鹽.. 適量
鴻喜菇.. 150g	黑胡椒.. 適量
杏鮑菇.. 250g	醬油.. 1 大匙
	葵花油.. 2 大匙 + 1 小匙

244

水..2000ml	醬油.. 1 大匙
香菜..隨意	麻油.. 1 大匙

B 調味料

八角.. 2 粒	紹興酒（或料酒）................ 2 大匙
五香粉.. ½ 小匙	市售（或自製）素蠔油（p.009）.... 1 大匙
市售純天然香菇調味粉.................. ½ 小匙	鹽.. 1 小匙
（或自製香菇味粉 1 大匙）（p.004）	糖.. 1 小匙
	豆瓣醬............................ 1~2 匙（可不加）
	白胡椒粉.. ½ 小匙

做法

1. 黑木耳用清水浸泡至軟，洗淨瀝乾。水煮竹筍沖洗瀝乾。大白菜洗淨切段。冬粉用清水浸泡至軟，中間剪開，瀝乾。紅辣椒去籽切絲。

2. 預熱烤箱至200℃／390℉（fan180℃），杏鮑菇小心沖洗後切成長方片狀。鴻喜菇切去底部，剝開洗淨瀝乾，全部放進大碗中，加入 ½ 小匙鹽和 1 小匙油拌勻。

3. 烤盤上放烤架，把菇類排開在架上，置烤箱內烤至兩邊略呈微褐色，約 15~20 分鐘。期間反轉一次。烤好後夾起放進碗內，備用。

4. 豆腐小心沖洗後用乾淨廚房紙巾吸乾水份，切成小長方塊，約 3×4 公分 大小，1 公分左右厚度。芋頭去皮洗淨切成與豆腐大小相約長方塊。竹筍 切片。

5. 中火熱平底不沾鍋，下油 1 大匙，加入豆腐塊排開，磨上少許海鹽和黑胡 椒，煎至兩面金黃，盛起備用。原鍋再用中火燒熱，下油 1 大匙，放入芋 頭片排開，煎至兩面金黃，撒下醬油小心兜炒均勻，盛起備用。

6. 中火熱大湯鍋下油，加入薑片、八角、辣椒絲、木耳、筍片和五香粉，倒 入酒下鍋拌炒 10~20 秒至酒精揮發，下其餘的調味料，一半的大白菜和水 煮滾後，轉小火加蓋讓湯底燉 10 分鐘，試味。

7. 撈起薑片和八角，把剩下的的大白菜沿鍋邊圍著排開，順序排進豆腐、芋 頭、杏鮑菇和鴻喜菇，加蓋，待滾開後隨意撒下香菜，便可以趁熱享用 了。

如意吉祥圍爐盆菜

盆菜這種以雜燴形式滿滿一盆一鍋裝著豐富菜餚的節慶菜，原是廣東深圳和香港新界的一種飲食習俗。以往每逢過年過節、喜慶日子與婚禮壽慶等，很多新界的村民會舉辦盆菜宴，款待親友，非常熱鬧。這種聚會，不但豐儉由人，數目形式也沒有限制，從數十到數百桌都能包辦。

每一道盆菜裡可薈萃多款菜色，包括蒸、炒、燴、炸、煎、燜、燉等等，各適其式，一爐共冶。大家分工合作，在村中祠堂前，擺設桌椅，每張檯上置放著小爐，爐上放著木炭加熱，一桌的親人好友圍著熱騰騰的盆菜，一邊品嚐、一邊慶祝。時至今日，吃盆菜的習俗已普及至港九新界的每個階層。特別是在逢年過節時，與家人親友同吃盆菜，更有喜慶團聚的特別意義。

不吃葷後，我依然想要維持這個溫暖的傳統。下面為大家示範如何為家人親自用心泡製一鍋簡單美味的全素盆菜。只需將每樣食材分別事先煮好，密封冷藏，到上桌前 2 小時才從冰箱取出，把食材分層從鍋底叠起，然後注入上湯，加蓋以小火慢燉至熱透便成。

這裡選用了 9 種全素食材，把每一道食材的煮法逐一列出，看似複雜，但想想所有準備功夫都可在前 1~2 天做好，要與家人圍爐吃飯之際只需加熱便可上菜，眾多食物分而烹飪，再滙聚一起，味道相互滲透。不是比要臨時下廚舞弄幾味興鬆得多嗎？而且這盆菜中的各款菜式，也十分適合單獨做為日常中的主食、配菜或便當菜。

● 盆菜 1 ●

鹽油焯大白菜

🍳 材料（4～8 人份）

大白菜.. 1 棵
海鹽.. 少許
葵花油.. 少許

🍴 做法

1 大白菜洗淨切開瀝乾。

2 湯鍋中加入鹽和油，注水 1500ml 左右煮開，下大白菜汆燙一下，在水再煮沸時即刻撈起，完全放涼後放進容器密封置冰箱冷藏。

● 盆菜 2 ●

燜五香蘿蔔

🍳 材料（4～8 人份）

A 食材

白蘿蔔（中型）............................ 1 條
紅蘿蔔（中型）............................ 2 條
紅辣椒.. 1 支
薑.. 4 片
八角.. 1 粒
五香粉.. ½ 小匙
葵花油.. 1 大匙

B 調味料

料酒.. 1 大匙
生抽（淡醬油）............................ 1 大匙
市售（或自製）素蠔油（p.009）.... 1 大匙
麻油.. 1 大匙
海鹽.. 1 小匙
糖.. 1~2 小匙
白胡椒粉.. ½ 小匙

🍴 做法

1 紅辣椒去籽切絲，八角沖洗乾淨

2 白、紅蘿蔔刨皮洗淨，切成粗條狀。

3 熱湯鍋下油，中火爆香薑絲和紅辣椒絲，放入白、紅蘿蔔翻炒一會，下酒兜炒，然後依次放入剩下的調味料炒勻。

4 放進八角和五香粉拌勻，下水蓋至剛淹過蘿蔔，大火滾開後轉小火，燜煮至蘿蔔軟熟，約 30 分鐘，離火。放涼後連湯汁一起放進容器置冰箱密封冷藏。

南乳燜慈菇 { 密封冷藏 3~4 天 | 冷凍 3 個月 }

🍳 材料（4 ~ 8 人份）

A 食材

慈菇	750g
南乳	1 塊
麻油	1 小匙
薑	4 片
葵花油	1 大匙

B 調味料

料酒	1 大匙
生抽（淡醬油）	2 小匙
鹽	1 小匙
糖	2 小匙
老抽（陳年醬油）	1 小匙

🍴 做法

1 慈菇刮皮去頭尾，切片洗淨。紅腐乳放小碗中，加入麻油以小匙拌勻。

2 熱炒鍋下油，爆香薑片，轉中火，下紅腐乳略炒至香氣溢出。

3 加入慈菇，與紅腐乳炒勻，下酒兜炒一會，加入其餘調味料拌炒入味。

4 下水至剛淹過慈菇，煮沸後加蓋，轉小火燜 30 分鐘左右至熟，試味，離火。放涼後連湯汁一起放進容器置冰箱密封冷藏。

紅燒小芋頭 { 密封冷藏 3~4 天 | 冷凍 3 個月 }

🍳 材料（4 ~ 8 人份）

A 食材

芋頭	800g
玄米油	1 大匙
水	適量

B 調味料

麻油	1 大匙
薑	4 片
料酒	1 大匙
醬油	1 大匙
鹽	½ 小匙
五香粉	¼ 小匙
胡椒粉	¼ 小匙
糖	1 小匙

做法

1 芋頭用刨皮刀去皮洗淨，切厚片，瀝乾。

2 中火熱平底不沾鍋，下油，把芋頭片放入單層排開。煎至兩面金黃，盛起。

3 再用中火熱原鍋，下麻油，加入薑片爆香，把芋頭塊回鍋，下酒輕微兜炒，然後加入剩下的調味料拌勻，下水至剛淹過芋頭。

4 煮沸後加蓋，轉小火燜 15 分鐘左右或至芋頭入口軟綿但不爛，試味，離火。放涼後小心逐塊夾起，然後連湯汁一起放進容器置冰箱密封冷藏。

● 盆菜 5 ●

涼拌冬粉 { 密封冷藏 3~4 天 | 冷凍 3 個月 }

材料（2 ~ 4 人份）

火鍋冬粉	120g

B 醬料

辣豆瓣醬	½ 大匙
醬油	1 大匙
米醋	1 大匙
楓糖醬	2 小匙
麻油	1 大匙

做法

1 湯鍋注水燒開，冬粉放入滾水中煮軟，即撈起置冷開水中放涼後瀝乾。

2 醬料在大碗中拌勻，加入瀝乾了的冬粉拌勻。放涼後把冬粉放進容器置冰箱中密封冷藏。

● 盆菜 6 ●

滷油豆腐
{ 密封冷藏 3~4 天 | 冷凍 3 個月 }

材料（4 ~ 8 人份）

市售油豆腐	9 個
自製滷水	1 鍋（p.181）

做法

1 油豆腐放進沸水中汆燙一會去除油分。盛起瀝乾。

2 把瀝乾的油豆腐放進滷水鍋內，加蓋煮滾後用小火燜 5 分鐘。關火浸泡 30 分鐘。把滷油豆腐撈起放進容器，加入少許滷水汁，放涼後置冰箱密封冷藏。

● 盆菜 7 ●

南乳燜蓮藕 { 密封冷藏 3~4 天｜冷凍 3 個月 }

材料（**4 ~ 8 人份**）

A 食材

蓮藕	800g
南乳	1½ ~2 塊
麻油	1 小匙
薑	4 片
葵花油	1 大匙
水	適量

B 調味料

料酒	1 大匙
生抽（淡醬油）	2 小匙
鹽	1 小匙
糖	2 小匙
老抽（陳年醬油）	1 小匙

做法

1 蓮藕刨去外皮，洗淨，切厚輪片。紅腐乳放小碗中，放入麻油以小匙拌勻。

2 炒鍋下油，爆香薑片，轉中火，下紅腐乳略炒至香氣溢出。

3 加入蓮藕，與紅腐乳炒勻，下酒兜炒一會，加入其餘調味料拌炒入味。

4 下水至剛淹過藕片，煮沸後加蓋，轉小火燜 30 分鐘左右至熟，試味，離火。放涼後連湯汁一起放進容器置冰箱密封冷藏。

● 盆菜 8 ●

素蠔油燜腐竹

{ 密封冷藏 3~4 天｜冷凍 3 個月 }

材料（**2 ~ 4 人份**）

A 食材

乾腐竹	150g
薑	4 片
葵花油	1 小碗
水	適量

B 調味料

料酒	1 大匙
麻油	1 大匙
胡椒粉	½ 小匙
自製素蠔油	2 大匙（p.009）
鹽	½ 小匙
糖	½ 小匙
水	適量

做法

1 薑片切成細絲。

2 將油倒入鍋內，燒至六成熱，試著放入小片腐竹，看到周邊開始冒小氣泡即可，轉中小火。

3 把乾腐竹折斷至 4~5 吋左右長度，放入鍋內，炸至金黃，便可撈起在篩網中把油瀝乾後，再放進溫水中浸泡去油和稍為泡軟，約 10 分鐘，撈起瀝乾。

4 中火熱燜煮鍋，下油，放入薑絲爆香，下腐竹，酒拌炒一會；依次加入調味料，翻炒數分鐘至入味。

5 加水至剛蓋過腐竹，煮沸後加蓋以小火燜煮 30 分鐘左右或至熟，注意不要燜太久以致腐竹破爛。試味，離火。放涼後連湯汁一起放進容器置冰箱密封冷藏。

6 試味，加入少許太白粉水勾芡，離火。放涼後放進容器置冰箱密封冷藏。

● 盆菜 9 ●

素蠔油燜冬菇

{ 密封冷藏 3~4 天 | 冷凍 3 個月 }

材料（4～8 人份）

A 食材

乾冬菇	16 個
薑	4 片切成細絲
玄米油	1 大匙
水	適量

B 調味料

料酒	2 大匙
麻油	1 大匙
胡椒粉	½ 小匙
自製素蠔油	2 大匙（P.009）
鹽	½ 小匙
糖	½ 小匙
泡冬菇水	

做法

1 薑片切成細絲。

2 乾冬菇用熱水略泡數分鐘至稍軟，沖洗乾淨，放回碗中，用沸水浸過蓋著浸泡 2 小時。把冬菇撈起，剪去蒂部，將泡冬菇水濾至另一大碗中留用。

3 中火熱燜煮鍋，下油，放入薑絲爆香，下冬菇，酒拌炒一會；依次加入調味料，翻炒數分鐘至入味。

4 倒入泡冬菇的水，要剛浸過冬菇，不夠的話，可加水或素高湯。煮沸後加蓋以小火燜煮 1~1.5 小時至爽口香滑。試味，離火。放涼後連湯汁一起放進容器置冰箱密封冷藏。

盆菜拼疊加熱做法

1. 吃飯前 1~2 小時，把 9 盒預先做好冷藏的盆菜從冰箱取出（每樣小菜留下多少在盒內，最後可放盆菜上面做裝飾）。準備 2 杯素高湯。

2. 取一口湯鍋（如鑄鐵鍋或乾淨可加熱的不銹鋼大盆），底部和側邊刷一層油。用筷子或廚用大鉗把灼熟的大白菜鋪在整個鍋子底部。另取一個生的大白菜，撕開幾塊葉片圍在湯鍋內側，以防盆菜加熱時黏邊。

3. 上面單層排上五香蘿蔔，把燜蘿蔔的湯汁埋很薄的荄淋上。

4. 繼而將南乳燜慈菇在蘿蔔上方平排開，把燜慈菇的湯汁埋很薄的荄淋上。

5. 鋪上紅燒小芋頭，把紅燒芋頭的湯汁埋很薄的荄淋上。

6. 涼拌冬粉鋪在芋頭上面。從這層起，要將剩下的的食材擺得整齊好看。

7. 首先中間偏左排上燜蓮藕，把燜蓮藕的湯汁埋很薄的荄淋在蓮藕上。

8. 蓮藕兩旁擺下燜腐竹，把燜腐竹的湯汁埋很薄的荄淋在腐竹上。

9. 蓮藕左方擺兩行滷油豆腐，把滷油豆腐的滷汁埋很薄的荄淋在油豆腐上。

10. 蓮藕右方排放燜冬菇，把燜冬菇的湯汁埋很薄的荄淋在燜冬菇上。

11. 然後把預先留起的一些紅蘿蔔、慈菇片、小芋頭塊等放於每塊油豆腐和冬菇中間，如圖。將素高湯繞鍋邊注進湯鍋，注意不要注太滿，以免稍後煮開時溢出。

12. 將鍋蓋放上，如食材太高，蓋子掩不下的話，可用鋁箔紙包著代替。整鍋放在爐上，用小火慢慢加熱至湯汁沸騰，繼續以小火保持微沸 5~10 分鐘左右至全部食材熱透。

13. 一家人圍爐享用，佐以 一、兩盤燙青菜。

迎春接福佛跳牆

🥘 材料（4～8 人份）

A 藥膳養生湯底

白木耳	1 朵
黃耆（北芪）	25g
當歸	8g
紅棗	10 粒
枸杞	10g
乾冬菇	8 朵
中型紅蘿蔔	2 條
薑	3 片
紹興酒	1~2 大匙
水	2500ml
鹽	少許

B 佛跳牆食材

芋頭	400g
醬油	1 大匙
麻油	1 大匙
自製滷水油麵筋（p.185）	8 個
自製滷水栗子（p.182）	20 粒
市售海藻芹菜軟豆腐（百葉豆腐）或 自製滷豆腐（p.029）	200g
自製紅燒獅子頭（p.264）	8 個
中型紅蘿蔔	2 條

🫖 工具

氣炸鍋

能剛好放進氣炸鍋底部的四方小烤盤 1 個，或用鋁箔紙自製小烤盤。

做法

藥膳養生湯底

1 白木耳用冷水泡軟（約 30 分鐘），切去蒂部，撕開。紅棗 10 粒，去核。紅蘿蔔切成小角。

2 乾冬菇用沸水浸泡數分鐘至軟後，洗淨瀝乾，放進碗中，下 60℃ 溫水淹過，加蓋泡發 1~2 小時至軟，剪去蒂部（留下），每個冬菇剪開 2~3 份一口的大小，把泡冬菇水保留。

3 黃耆、當歸、紅棗、枸杞小心用清水沖洗一下，放進沸水中汆燙（水再度煮沸 30 秒左右便可撈起），瀝乾。

4 把泡軟了的冬菇、白木耳和黃耆、當歸、紅棗、枸杞、紅蘿蔔和薑一起放入湯鍋，把冬菇水和清水總共 2500ml 倒入鍋中，下紹興酒，加蓋煮沸後，用中火煲 30 分鐘，再用小火煲 1 小時，下少許鹽調味。

佛跳牆

5 芋頭去皮切成一口大小角塊。豆腐切小方塊。紅蘿蔔切小角。滷水油麵筋一個剪開四份。

6 燉煮湯底期間，準備其他食材。

7 小方型烤盤下油 ½ 大匙刷勻，放進設在 200℃ 的氣炸鍋中預熱 3 分鐘。芋頭加入醬油和麻油拌勻，在烤盤上逐塊排開，放進氣炸鍋中，關上，設定 20 分鐘。期間每 5 分鐘取出反轉一下和用軟刷子沾烤盤的油輕輕塗在芋頭表面。把芋頭每邊氣炸金黃，取出。

8 湯底煲好後，把芋頭、滷水油麵筋、自製滷水栗子、海藻芹菜軟豆腐（百葉豆腐）或自製滷豆腐放入、加熱大火滾開後，下紅燒獅子頭，再滾開後轉小火蓋著鍋子保持微沸慢燉 1~2 分鐘至獅子頭熱透但小心不要煮爛。試味，趁熱上桌。

JANE'S POINT

別忘了替芋頭去皮時要帶套，以防止手癢。

鼎湖上素

🍳 材料（4～8 人份）

A 食材

板豆腐	200g
銀耳（雪耳）	半朵
熟冬筍	400g
熟荸薺（馬蹄）	400g
玉米筍	120g
荷蘭豆	20g
甜豆	20g
烘腰果	隨意
薑	3 片
玄米油	適量
鹽	少許

B 豆腐調味粉

鹽	½ 小匙
白胡椒粉	½ 小匙

C 調味料

鹽	½ 小匙
生抽（淡醬油）	1 大匙
麻油	2 小匙
糖	½ 小匙
料酒	1 大匙
素蠔油	1 大匙

🍳 做法

1 銀耳用冷水泡軟（約 30 分鐘），切去蒂部，撕開。熟冬筍沖淨瀝乾，縱切厚片。熟馬蹄沖淨瀝乾。玉米筍每支斜切成三段。薑片切成末

2 深平底鍋下水少許（能剛蓋過荷蘭豆、甜豆），加 1 小撮鹽、1 小匙油，把水滾開，放入荷蘭豆、甜豆汆燙，撈起備用。

3 豆腐調味粉先在小碗中拌勻。

4 豆腐小心沖洗後用乾淨廚房紙巾吸乾水份，切成 1½ 公分左右的小方塊。

5 原鍋抹乾，中火燒熱，下油 1 大匙，把豆腐排開，上面均勻撒上一半的豆腐調味粉，煎至金黃，**翻轉**，再撒上另一半的豆腐調味粉，也煎至金黃，盛起備用。

6 原鍋再下油 1 大匙，加入薑末炒香，放入銀耳、熟冬筍、熟荸薺以及玉米
筍兜炒一會，按次序下調味料炒至熟和入味，把豆腐回鍋炒熱，試味。

7 盛盤：取一大盤，用筷子把冬筍片和馬蹄夾起在盤邊排好，然後把甜豆和
荷蘭豆繞著排好的筍片圍一圈做成一個小盤子狀（如圖），把炒好的素菜
放上，撒一大把烤腰果。

圓滿羅漢齋

材料（4～8人份）

A 食材

乾冬菇	60g
乾腐竹	60g
黑木耳	20g
乾金針花	20g
熟荸薺（馬蹄）	100g
冬粉	50g
紅棗	12粒
中型紅蘿蔔	1條
小青江菜	7~8株
薑	4片
南乳（紅腐乳）	1塊
麻油	1小匙
玄米油	2大匙
鹽	½小匙
水	適量

B 調味料

料酒	1大匙
生抽（淡醬油）	2小匙
鹽	1小匙
糖	2小匙
老抽（陳年醬油）	1小匙

做法

1 黑木耳用溫水泡軟，沖洗乾淨。金針花用溫水泡軟，摘去硬梗，洗淨。熟馬蹄沖淨瀝乾。

2 冬粉用冷水泡軟，用手剝散開。紅棗去核。紅蘿蔔去皮切薄片。小青江菜洗淨，一切開二。

3 乾冬菇用熱水略泡數分鐘至稍軟，沖洗乾淨，放回碗中，用熱水浸過蓋著浸泡2小時。把冬菇撈起，剪去蒂部，斜切片。泡冬菇水留起備用。

4 乾腐竹折斷，放大碗中，放入溫水，蓋著泡軟，約30分鐘，再剪成2吋左右小段，瀝乾。

5 湯鍋下水用大火煮開，下 ½ 小匙鹽、1大匙油，放入青江菜汆燙，在水煮開時便馬上把菜撈起，在潔淨篩網上攤開瀝乾。用同一鍋水，也把紅蘿蔔汆燙數分鐘至軟，撈起瀝乾。

6　南乳用麻油拌勻備用。原鍋抹乾，用中火燒紅，下油 1 大匙，加入薑片爆
　　香，加入冬菇拌炒一下，下南乳同炒至香，加入腐竹、黑木耳、金針菜、
　　馬蹄、紅棗同炒一會，依次放入調味料兜炒入味，下冬菇水，若不夠蓋過
　　齋面的話，可加多點水，煮開後，轉小火燜 30 分鐘左右至冬菇和腐竹軟
　　熟。

7　加入冬粉煮軟，冬粉會把大部份汁液吸收，不用埋芡，恰到好處。

8　盛盤：取一大盤，用筷子將青江菜夾起在盤上排開，然後把紅蘿蔔片繞著
　　排好的菜圍一圈做成一個小盤子似的（如圖），把炒好的羅漢齋放上。

秋葵錦上添

A 食材

秋葵	250g	鹽	½ 小匙
小芋頭	300g	薑	2 片
小型紅蘿蔔	1 條	小紅辣椒	1 支
三色椒	各 ½ 個	**B 調味料**	
新鮮玉米筍	120g	素食沙茱醬	1 大匙
冰凍熟毛豆	100g	料酒	1 大匙
葵花油	2 大匙	鹽	½ 小匙
		糖	1 小匙

做法

1 秋葵洗淨，削去蒂部周圍的外皮，搓揉少許鹽巴除去絨毛，再沖洗乾淨。小芋頭去皮，切 1 公分左右小丁。紅蘿蔔去皮切丁。三色椒去籽切小角。新鮮玉米筍切成粗粒。

2 冰凍熟毛豆退冰。薑片先成切絲，再將薑絲切成末。紅辣椒去籽切絲。

3 炒鍋放水，加入 ½ 小匙鹽，½ 大匙油煮沸，放入秋葵汆燙 3 分鐘左右便即撈起，在篩網上攤開瀝乾。用同一鍋水汆燙毛豆，水再沸騰前即刻撈起，瀝乾。

4 秋葵放涼後，取一大盤，將秋葵中間斜切，用筷子夾起在盤上排開（如圖）。有剩下的來的切小段備用。

5 炒鍋抹乾，中火燒熱，下油 1 大匙，將芋頭丁放入每邊煎香，盛起備用。

6 原鍋下油 ½ 小匙，下薑末椒絲爆香，加入所有洗切好的蔬菜抄勻，依次下調味料拌炒至軟和入味，把剩下的切段的秋葵加入兜炒均勻，試味。將炒好的雜錦小心放在圍著秋葵的盤中央。

紅燒八喜烤麩

材料（4～8 人份）

A 食材

乾冬菇	6 朵
花生	100g
市售或自製烤麩（p. 024）	100g
黑木耳	20g
乾金針花	20g
熟冬筍	200g
西芹	2 株
中型紅蘿蔔	1 條
葵花油	1 大匙
薑	3 片
小紅辣椒	1 支
太白粉 1~2 小匙 + 水 1~2 小匙拌勻	

水 ....適量

B 調味料

料酒	1 大匙
自製素蠔油	1 大匙（P. 009）
胡椒粉	½ 小匙
糖	½ 小匙
自製香菇味粉（p. 004）1 大匙（市售鹹味較重，只需 ¼ 或 ½ 小匙）	
泡冬菇水	

C 調味料

醬油	1 大匙
鹽	½ 小匙
麻油	1 大匙

做法

1 花生洗淨，用溫水浸泡 1 小時。烤麩每個剪開 4 塊（或可以一口吃下的大小）。黑木耳用溫水泡軟，沖洗乾淨。金針花用溫水泡軟，摘去硬梗，洗淨。

2 熟冬筍沖淨瀝乾，縱切厚片。西芹去絲，斜切成段。紅蘿蔔去皮切片。紅辣椒去籽後切成細圈。

3 乾冬菇用熱水略泡數分鐘至稍軟，沖洗乾淨，放回碗中，用熱水浸過蓋著浸泡 2 小時。把冬菇撈起，剪去蒂部，斜切開二或三件。泡冬菇水留起備用。

4 湯鍋下水煮開，加入花生，水滾起後轉小火，慢煮 10 分鐘後撈起瀝乾。

5 原鍋水再煮開，放入烤麩，水再滾起後轉小火，煮 3 分鐘後撈起瀝乾。

6 熱鍋下油 1 大匙，放入薑片辣椒爆香，加入香菇、花生、烤麩煸炒一會，放入 B 調味料兜炒一會，下冬菇水拌勻，如不夠蓋過，可多加點水，大火煮滾後轉小火加蓋慢煮 30 分鐘。

7 然後將黑木耳、金針、熟冬筍、西芹、紅蘿蔔下鍋，大火煮滾後試味，加入 C 調味料中的醬油和鹽，轉中小火把全部食材燜軟收汁，下麻油，以少許太白粉水勾芡，上桌。

錦繡獅子頭

🍳 材料（**24 個左右**）

A 食材

水煮麵筋肉（p.021）.....................	400g
豆腐（或豆渣）........................	200g
乾冬菇...............................	100g
熟荸薺（馬蹄）........................	100g
白背木耳.............................	1 朵
紅蘿蔔...............................	80g
香菜.................................	1 大把
玄米油...............................	6 大匙

B 調味料

鹽..................................	1 小匙
醬油................................	1 大匙
麻油................................	1 大匙
素蠔油..............................	1 大匙
酒..................................	1 大匙
糖..................................	½ 小匙

白胡椒粉............................	½ 小匙
香菇味粉（p.004）....................	1 小匙
菱角粉（或太白粉）...................	1 大匙
麵粉................................	1 大匙

C 紅燒大白菜

大白菜..............................	1 顆
薑..................................	3 片
小紅辣椒............................	1 支
太白粉 1~2 小匙 + 水 1~2 小匙拌勻	

D 紅燒大白菜調味料

鹽..................................	½ 小匙
糖..................................	½ 小匙
醬油................................	1 大匙
白胡椒粉............................	½ 小匙
麻油................................	1 小匙

🍴 做法

1 紅辣椒去籽後切成細絲。乾冬菇用熱水略泡數分鐘至稍軟，沖洗乾淨，放回碗中，用熱水浸過蓋著浸泡 2 小時。把冬菇撈起，擠去水份，剪去蒂部。

2 木耳用熱水略泡數分鐘至稍軟，沖洗乾淨，放回碗中，用熱水浸過蓋著浸泡至軟，約 1 小時。

3 把全部材料切碎拌勻，分兩次放進食物調理機（food processor）內打成絞肉狀，取出倒進大碗中，加入所有調味料抹勻。

4 將素絞肉全部搓成乒乓球大小的素肉丸，放在大盤上，置冰箱內冷藏 2 小時定型。

5 深邊平底不沾鍋下油 6 大匙，把 8 粒素肉丸在鍋內排開，用半煎半炸方法把每顆素肉丸煎至每面金黃，撈起放在舖了廚紙的大盤上吸油。

6 重複步驟 **5** 煎好所有素肉丸後，將素肉丸放進預熱 100℃ 的烤箱中保溫。

7 用篩網把鍋中剩下的的油濾進小碗。

8 紅燒大白菜做法：用中火燒熱煎素肉丸的鍋，下油 ½ 大匙，放入薑片和紅椒絲拌爆香，下大白菜拌炒一會，下調味料翻炒至軟，離火。

9 把大白菜夾起放在盤子 ，菜汁留在鍋內，用少許太白粉水埋薄芡。

10 將素肉丸從烤箱取出，排放在白菜面，把芡汁淋下，上菜。

富貴腐皮卷

🍳 材料（**8 條**）

A 食材

高麗菜	100g
紅蘿蔔	100g
熟冬筍	100g
新鮮香菇	200g
熟馬蹄	100g
薑	3 片
香菜	隨意
玄米油	3 大匙
真空包裝或新鮮腐皮	1 張

太白粉 2 小匙 + 水 2 小匙拌勻

麵粉 1 大匙 + 水 1 大匙拌勻

B 餡料調味料

鹽	½ 小匙
醬油	1 大匙
麻油	1 大匙
素蠔油	1 大匙
酒	1 大匙
糖	½ 小匙
白胡椒粉	½ 小匙
香菇味粉（p.004）1 大匙（可不加）	

C 湯汁調味料

水	2 杯
香菇味粉（p.004）	2 大匙
素蠔油（p.009）	1 大匙
老抽（陳年醬油）	½ 小匙
鹽	½ 小匙
糖	½ 小匙

🍴 做法

1 高麗菜、紅蘿蔔、熟冬筍、新鮮香菇和熟馬蹄，都切成細絲。薑片先切絲，再將絲切成末。

2 中火熱平底不沾鍋，下油 1 大匙，放入薑末炒香，把切絲材料放入拌炒一會，順次下調味料兜炒至餡料香軟，放入少許芡水使餡料不會鬆散，盛起放涼備用。

3 腐皮攤開，用乾淨小布沾水擰乾後整張上下拭抹使略為軟化，剪去整張的外圍硬邊，然後剪成同等大小的 8 張正方形小腐皮，用一大塊濕布完全包起來，保持濕潤。

4 取一小腐皮，放在桌上面向自己呈菱形，把適當份量的餡料放在下方的尖端之上，不要太多，從下往上捲緊，至中間部分，將兩邊向內捲入，再向上捲緊，然後用麵糊黏著封口，把封口向下壓牢。繼續完成其餘的 7 條腐皮卷。

5 洗淨平底鍋，用中火燒熱，下油 2 大匙，轉中小火，把腐皮卷煎至每邊金黃酥脆，離火，夾進盤子上。

6 原鍋下湯汁調味料煮開，把煎好的腐皮卷回鍋，用中大火煮稠醬汁，期間小心把腐皮卷翻轉數次盡量吸收湯汁，約 5~10 分鐘。

7 把腐皮卷直接放在盤中，也可以放在用鹽、油汆燙了的生菜上，剪段。然後用少許太白粉水把湯汁勾芡，淋下，上菜。

如意十香菜

材料（4～8人）

A 食材

乾香菇	6 朵
白背木耳	1 小朵
乾金針花	15g
榨菜	100g
大豆芽菜	200g
紅蘿蔔	150g
芹菜	150g
紅甜椒	100g
自製豆腐干（p.030）	200g
冰凍熟毛豆	100g
薑，切絲	3 片
小紅辣	1 支
玄米油	2 大匙
烘白芝麻	隨意

B 調味料

酒	1 大匙
鹽	½ 小匙
醬油	1 大匙
素蠔油	1 大匙
糖	1 小匙
白胡椒粉	1 小匙
麻油	1 大匙

做法

1 金針花用溫水泡軟，摘去硬梗，洗淨。榨菜切絲，用冷水泡 30 分鐘，瀝乾。大豆芽菜洗淨瀝乾。紅蘿蔔去皮切絲。芹菜去筋，切絲。紅甜椒去籽切絲。豆腐干切粗條。冰凍熟毛豆退冰。薑片切絲。紅辣椒去籽切成細圈。

2 乾冬菇用熱水略泡數分鐘至稍軟，沖洗乾淨，放回碗中，用熱水浸過蓋著浸泡 2 小時。把冬菇撈起，擠去水份，剪去蒂部，切片。泡冬菇水留起備用。

3 木耳用熱水略泡數分鐘至稍軟，沖洗乾淨，放回碗中，用熱水浸過蓋著浸泡至軟，約 1 小時，取出切絲。調味料除了麻油外，其餘放入碗中拌勻備用。

4　中火熱炒鍋下油 1 大匙，加入香菇炒香，加入大豆芽、½ 小匙白胡椒粉同
　　炒一會，下 2 大匙泡香菇水把香菇和大豆芽炒軟，盛起。

5　原鍋再以中火燒熱，下油 1 大匙，加入薑絲、小紅椒圈爆香，下白背木
　　耳、榨菜、紅蘿蔔、芹菜同炒至軟；加入紅甜椒、自製豆腐干、毛豆同炒
　　一下，將香菇和大豆芽菜回鍋，下調味料將所有材料兜炒入味。

6　試味，下麻油拌勻，撒下烘芝麻，上桌。

菜心杏鮑片

🍳 **材料（4～8 人）**

A 食材

杏鮑菇	3 個
罐裝大顆草菇	1 罐
嫩綠菜心	500g
鹽	½ 小匙
葵花油	2 大匙
太白粉 1 小匙＋水 1 小匙拌勻	

B 調味料

素蠔油（p.009）	1~2 大匙
醬油	1 大匙
水	2 大匙
糖	1 小匙
料酒	2 小匙
白胡椒粉	½ 小匙
麻油	2 小匙

🍴 **做法**

1 杏鮑菇沖洗乾淨，用潔淨廚房紙巾吸乾水份，斜切厚片（約 1 公分左右，煮熟後會變薄許多）。

2 草菇沖洗瀝乾，用潔淨廚房紙巾吸乾水份，中切開二。

3 嫩綠菜心洗淨，先切去乾硬尾部，再把每條切成同一長度，約 5~6 吋 /13~15 公分左右（切出來的菜頭菜尾可留下放入別的料理如粥或炒雜錦等。）

4 炒鍋下水，放入 ½ 小匙鹽，1 大匙油煮開，放入菜心汆燙，在水將沸前便即把菜心撈起，攤開放在潔淨篩篩網上瀝乾放涼。

5 將調味料在小碗中拌勻。原鍋抹乾，用中火燒熱，下油 1 大匙，將杏鮑菇放進鍋內排開，煎至兩面些微金黃，把調味料拌勻放入鍋中，中火煮滾後，加入草菇，再煮沸後下少許太粉水勾芡。

6 把菜心在盤上排好，中間堆高如小丘狀，將杏鮑菇逐片在中間排上，草菇圍在下方周圍（如圖）。把芡汁均勻淋上。

醬煮藕片

材料（4～8人份）

A 食材

蓮藕	600g
白醋	1大匙
小紅辣椒	1支
水	隨意

B 醬汁

生抽（淡醬油）	3½ 大匙
老抽（陳年醬油）	½ 大匙
冰糖	60g
料酒	1大匙
麻油	1大匙
水	1杯半

做法

1 蓮藕刨皮，切厚片。紅辣椒去籽切小圈。

2 中型湯鍋下水煮開，加入白醋，放下蓮藕片，再煮開後用小火煮3分鐘後撈起。

3 原鍋洗淨，下醬汁，用中火煮至冰糖融化，加入藕片，以大火煮沸後續煮至醬汁收乾一半，轉中火繼續煮至醬汁漸變濃稠，要不時將藕片翻拌以利上色和吸飽醬汁。

4 差不多收乾時，轉小火下辣椒圈煮1分鐘，加麻油拌勻，離火。

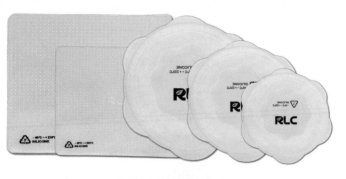

RLC

矽膠保鮮膜 ▼

優食盒 ▲

疊好攜帶　　方便打包外帶　　保鮮高度密封　　方便微波

食品矽膠 **天然材質，安全無毒**

食品級矽膠製成，安全無毒、穩定，
為目前世界公認最具環保之素材。

高溫低溫 **耐溫範圍 -40°C~ +230°C**

平日放置車上也不怕大太陽，冷藏/
冷凍/常溫/加熱都好用！

 優食盒

 無塑全矽膠設計
蓋子也是矽膠喔！

比玻璃餐盒輕! 體積比不鏽鋼餐盒小! 比塑膠餐盒環保健康!

蔬食常備菜

作　　者｜黎慧珠 Jane Lee
發 行 人｜林隆奮 Frank Lin
社　　長｜蘇國林 Green Su

出版團隊

總 編 輯｜葉怡慧 Carol Yeh
企劃編輯｜石詠妮 Sheryl Shih
責任行銷｜蕭震 Zhen Hsiao
封面設計｜湯承勳 Albert Cheng-Syun Tang
版面構成｜林婕瀅 Griin Lin

行銷統籌

業務經理｜吳宗庭 Tim Wu
業務主任｜蘇倍生 Benson Su
業務專員｜鍾依娟 Irina Chung
業務秘書｜陳曉琪 Angel Chen
　　　　　莊皓雯 Gia Chuang
行銷主任｜朱韻淑 Vina Ju

發行公司｜精誠資訊股份有限公司　悅知文化
　　　　　105台北市松山區復興北路99號12樓
訂購專線｜(02) 2719-8811
訂購傳真｜(02) 2719-7980
專屬網址｜http：//www.delightpress.com.tw
悅知客服｜cs@delightpress.com.tw
ISBN：978-957-8787-84-1
初版一刷｜2019年1月
建議售價｜新台幣399元

國家圖書館出版品預行編目資料

蔬食常備菜／黎慧珠作. -- 初版. -- 臺北
市：精誠資訊, 2019.01
　　面；　公分
ISBN 978-957-8787-84-1(平裝)
1.素食食譜

427.31　　　　　　　　　　107023731

建議分類｜生活風格・烹飪食譜

讀者回函

《蔬食常備菜》

感謝您購買本書。為提供更好的服務，請撥冗回答下列問題，以做為我們日後改善的依據。
請將回函寄回台北市復興北路99號12樓（免貼郵票），悅知文化感謝您的支持與愛護！

姓名：_____　性別：□男　□女　　年齡：_____歲

聯絡電話：(日)_____　(夜)_____

Email：_____

通訊地址：□□□-□□ _____

學歷：□國中以下 □高中 □專科 □大學 □研究所 □研究所以上

職稱：□學生 □家管 □自由工作者 □一般職員 □中高階主管 □經營者 □其他_____

平均每月購買幾本書：□4本以下 □4~10本 □10本~20本 □20本以上

● 您喜歡的閱讀類別？(可複選)

　□文學小說 □心靈勵志 □行銷商管 □藝術設計 □生活風格 □旅遊 □食譜 □其他_____

● 請問您如何獲得閱讀資訊？(可複選)

　□悅知官網、社群、電子報 □書店文宣 □他人介紹 □團購管道

　媒體：□網路 □報紙 □雜誌 □廣播 □電視 □其他_____

● 請問您在何處購買本書？

　實體書店：□誠品 □金石堂 □紀伊國屋 □其他_____

　網路書店：□博客來 □金石堂 □誠品 □PCHome □讀冊 □其他_____

● 購買本書的主要原因是？(單選)

　□工作或生活所需 □主題吸引 □親友推薦 □書封精美 □喜歡悅知 □喜歡作者 □行銷活動

　□有折扣_____折 □媒體推薦_____

● 您覺得本書的品質及內容如何？

　內容：□很好 □普通 □待加強 原因：_____

　印刷：□很好 □普通 □待加強 原因：_____

　價格：□偏高 □普通 □偏低 原因：_____

● 請問您認識悅知文化嗎？(可複選)

　□第一次接觸 □購買過悅知其他書籍 □已加入悅知網站會員www.delightpress.com.tw □有訂閱悅知電子報

● 請問您是否瀏覽過悅知文化網站？　□是　□否

● 您願意收到我們發送的電子報，以得到更多書訊及優惠嗎？　□願意　□不願意

● 請問您對本書的綜合建議：_____

● 希望我們出版什麼類型的書：_____

SYSTEX｜dp 悅知文化
making it happen 精誠資訊　Delight Press

精誠公司悅知文化　收

105 台北市復興北路99號12樓

dp 悅知文化
Delight Press